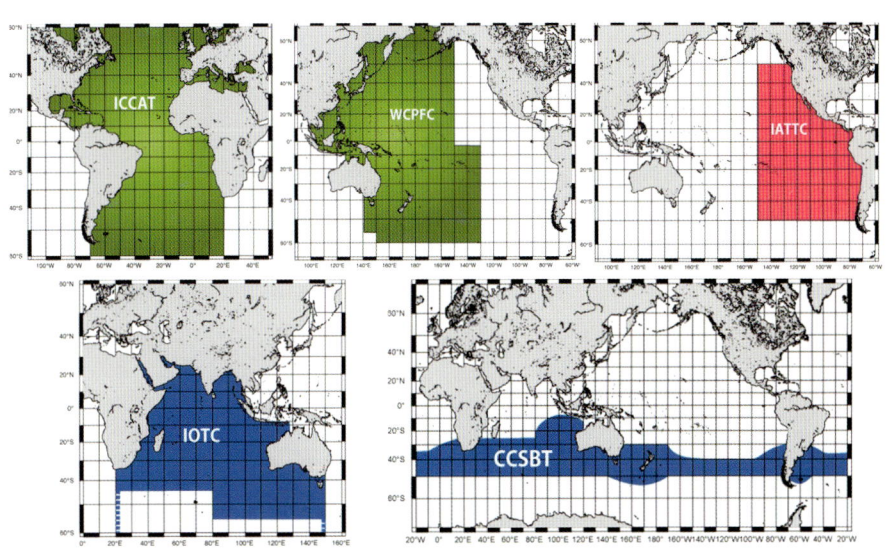

図1・2　マグロ類地域漁業管理機関（RFMO）

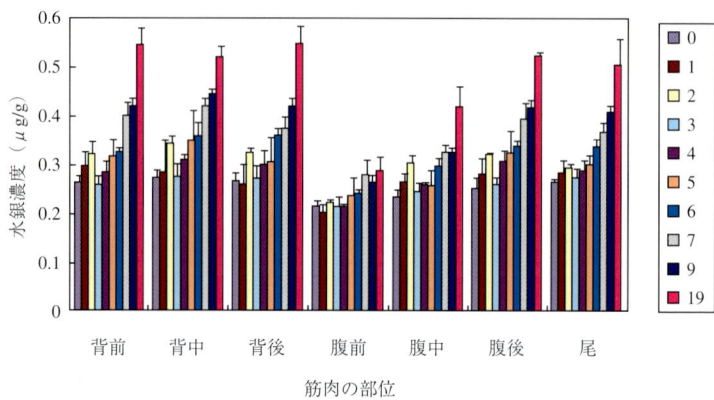

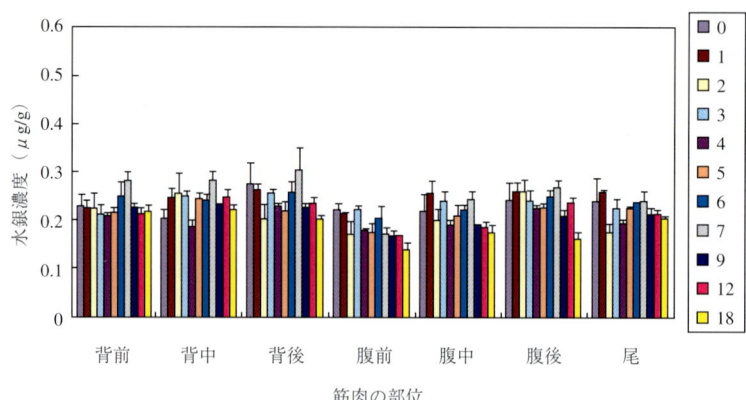

図7·5 ゴマサバを給餌した養殖クロマグロ筋肉の部位別水銀濃度（上）とマアジ・イカナゴを給餌した養殖クロマグロ筋肉の部位別水銀濃度（下）
背：背部，腹：腹部，前：前部，中：中部，後：後部，尾：尾部．右の数字は飼育月数．

水産学シリーズ

168

日本水産学会監修

クロマグロ養殖業
技術開発と事業展開

熊井英水・有元　操・小野征一郎 編

2011・3

恒星社厚生閣

まえがき

　日本はマグロ類の生産大国であると同時に消費大国であり，なかでもクロマグロが，国際的・国内的に強い関心をもたれていることはよく知られている．2010年3月のワシントン条約（CITES）第15回締約国会議において，モナコの提出した大西洋・地中海産クロマグロの国際取引禁止案が，強い注目を集めたことはなお記憶に新しい．

　クロマグロ養殖業の技術開発・研究開発は，国内では1970年代における水産庁のプロジェクトを起点とするが，国際的にはスペイン・オーストラリアが90年代初頭に蓄養（本書では原則としてJAS法に即して養殖に統一する）を手がけていた．生物種としてのマグロ研究は大型魚であるため長い間手つかずの状態にあったが，公的研究機関，民間企業などの地道な研究が続き，ようやく2002年，近畿大学がクロマグロの完全養殖に成功する．2003〜07年に21世紀COE，08年からグローバルCOEに採択され，さらに官民の諸研究機関が精力的に研究に取り組み，いまや人工種苗の産業的量産化が課題になりつつある．

　高度回遊性魚種であるマグロ類は周知のように，地域漁業管理機関の規制下にあるが，クロマグロ養殖業の世界的勃興により，養殖用種苗として稚魚・未成魚の過剰漁獲が加速され，資源管理が強く求められている．クロマグロの親魚養成技術，良質卵確保に必要な環境条件，初期減耗，共食い，衝突死，皮膚損傷，輸送後の大量死などの解明が進んだ．クロマグロ仔稚魚の栄養素要求は他魚種と大きく異なるが，仔魚用微粒子配合飼料や稚魚用配合飼料が開発され，飼養と飼料の両面から種苗生産産業化の途が開かれつつある．水銀含有量の分析から，養殖マグロが天然マグロより安全性に優れることも明らかにされた．それを出発点として，養殖水産物全般の認証制度をいかに築くか，食品のリスク分析に対する認識が進んだ．

　21世紀初頭，2,000tそこそこにとどまっていた日本のクロマグロ養殖業は，ICCAT（International Commission for the Conservation of Atlantic Tuna：大西洋マグロ類保存国際委員会）の規制により生産量を急減させた地中海に代わり，2010

年には1万t近くに達したと思われる．オーストラリアのミナミマグロを上回り，世界一の生産量を誇る．長期的経営不振に苦しむ多くの魚類養殖業をよそに，水産大手から漁家上層に至るまで新規参入が盛んである．大手商社など水産業外部からの参入も珍しくない．イノベーションとして事業展開するマグロ養殖業は，収益性の見込める有望業種として期待が大きい．

以上，クロマグロ養殖業の技術と経済の一端に触れたが，本書はその全貌を技術開発の到達点ならびに経済的成果の両面から分析し，今後の課題・展望に及んでいる．産業としての展開過程から現状を把握し，未開拓の研究分野を切り開こうと試みた．養殖クロマグロは貿易統計を除けば，正式統計は現在でもごく少ない．ブラックボックスにおおわれているクロマグロ養殖業に対し，技術開発を究明し，最高級商材のマーケットに流通・経済分析を加えた本書は，研究者・行政担当者・企業・貿易団体などに類書に見ない有益な情報を提供すると確信する．

思えば養殖クロマグロが土・日・祝日を中心に量販店で販売され，時々ではあるにしろ国民一般の食卓にのぼり，あるいは回転寿司店で食べられるようになったのは僅々数年のことである．クロマグロは社会的ニーズとして定着した．もともとマグロは水産物のなかでは例外的に，一般読者層の関心が強い．漁業関係者のみならず多くの読者が本書を手に取っていただければ幸いである．

2011年新春

熊井　英水
有元　　操
小野征一郎

クロマグロ養殖業—技術開発と事業展開　目次

まえがき ……………………………………… (熊井英水・有元　操・小野征一郎)

Ⅰ．クロマグロの資源と国際規制
1章　資源動向と管理
……………………………………………………(宮原正典) ……… 9
　§1．漁獲と供給の状況 (9)　§2．漁業管理体制 (10)
　§3．大西洋クロマグロとワシントン条約 (CITES) 問題 (11)　§4．太平洋クロマグロの管理 (16)

2章　漁獲規制の動向と価格への影響
…………………………………………………(多田　稔) ……… 21
　§1．強化される漁獲規制 (21)　§2．日本市場へのクロマグロの供給動向 (21)　§3．モデルの構造と推定結果 (24)
　§4．価格上昇の見通し (28)

Ⅱ．クロマグロの人工種苗の量産化技術
3章　現状と今後の動向
……………………………………………………(澤田好史) ……… 31
　§1．クロマグロ養殖における技術の概要と分類 (31)
　§2．クロマグロ養殖産業における技術 (32)　§3．養殖と増殖 (39)

4章　成熟と産卵
……………………………………………………(升間主計) ……… 42
　§1．これまでの研究 (42)　§2．成熟 (43)　§3．産卵年齢と産卵期間 (45)　§4．産卵と環境条件 (46)　§5．産卵頻度と産卵数 (47)　§6．安定採卵技術に向けた課題 (48)

5章 種苗生産技術

··(石橋泰典) ········53

§1. 初期飼育(54) §2. 中間育成(58)

§3. 稚魚の取り扱いと輸送, 移動後の飼育管理(61)

Ⅲ. クロマグロ養殖技術と安全性・認証
6章 飼餌料

·························(竹内俊郎・芳賀 穣・滝井健二) ········70

§1. 初期餌料(70)

§2. 配合飼料(80)

7章 食材としての安全性

···(安藤正史) ········91

§1. 国外における水銀中毒の事例(92) §2. 水銀摂取許容量(92) §3. 国内に流通するマグロの水銀濃度(93) §4. 完全養殖クロマグロの水銀濃度(93) §5. 尾部筋肉を利用した全個体検査(95) §6. 水銀濃度の季節変動(97) §7. 餌の選択による水銀レベルの低減化(98) §8. 餌料用小型魚水銀濃度の変動要因(99) §9. 餌料魚に依らない水銀濃度の低減策(100)

8章 養殖生産物の認証制度

···(有路昌彦) ······103

§1. 養殖の認証制度の分類(104) §2. 認証の仕組み(105)

§3. FAO責任ある養殖業認証ガイドラインの概要(106)

§4. ガイドラインの原則と基準(108) §5. 今後の予測される流れ(110)

§6. 国内養殖業の対応戦略(111)

Ⅳ. クロマグロ養殖業の展開と課題

9章 クロマグロ養殖事業の展開
　　　　　　……………………………………(草野　孝・白須邦夫)……*113*
　　§1. クロマグロ養殖事業の現状－マルハニチロ水産(*113*)
　　§2. クロマグロ養殖事業の展開－日本水産(*122*)

10章 クロマグロ養殖業の現状と課題
　　　　　　………………………………………………(小野征一郎)……*128*
　　§1. マグロ養殖業の現状(*129*)　§2. 国際・国内比較(*133*)　§3. マグロ養殖業の課題(*136*)　§4. イノベーションに向けて(*139*)

Aquaculture Industry of Bluefin Tuna —
Development of Technology and Business

Edited by Hidemi Kumai, Misao Arimoto and Seiichiro Ono

Preface Hidemi Kumai, Misao Arimoto and Seiichiro Ono

I. Bluefin tuna resources and international regulation
   1. Resources trend and management Masanori Miyahara
   2. Trend of catch regulations and the influence on prices Minoru Tada

II. Mass production technology of bluefin tuna artificial seedlings
   3. Present status and future prospective Yoshifumi Sawada
   4. Maturation and egg spawning Shukei Masuma
   5. Seedling production technology of bluefin tuna
      Yasunori Ishibashi

III. Aquaculture technology of bluefin tuna and certification of safety
   6. Feed development Toshio Takeuchi, Yutaka Haga and Kenji Takii
   7. Safety of cultured bluefin tuna as a food Masashi Ando
   8. Certification for aquaculture Masahiko Ariji

IV. Development of bluefin tuna aquaculture industry, its problems and prospects
   9. Development of aquaculture business Takashi Kusano and Kunio Shirasu
   10. Problems of bluefin tuna aquaculture industry Seiichiro Ono

I. クロマグロの資源と国際規制

1章　資源動向と管理

宮 原 正 典[*1]

§1. 漁獲と供給の状況

わが国は，かつて世界中の海で圧倒的なシェアでマグロ類を漁獲してきたが，近年では，台湾，フィリピンなどのアジア諸国やメキシコ，エクアドルといった発展途上国が漁獲を増大させている．その結果，わが国のマグロの漁獲量は世界の14％にまで低下したが，まだ第1位の漁業国という地位をなんとか維持している（図1・1）．また，供給面では2008年で総計41万tと世界全体の漁獲量175万tのうち1/4にあたる量が日本市場に供給され，日本市場は世界で抜きん出た大きな市場となっている．その対日マグロ類供給総量の1割強にあたる，4万3,000tがクロマグロである．クロマグロのうち約半量が国内生産で残りの半量が輸入となるが輸出国はメキシコを除きほとんどがマルタ，スペイン，トルコ等地中海沿岸国となっている．さらに供給を海域別に見ると太平洋産と大西洋産がほぼ同量であったが（2008年），後述のごとく大西洋で今後，大幅な規制強化が行われる見込みであるため，太平洋産と大西洋産の比は，5：3あるいは5：2となり，相対的に太平洋産の重要度が高まることとなろう．

ここで注目すべきはその他のマグロ類と違い，クロマグロの場合，世界中で生産される量の7～8割を日本が消費しているという実態がある．それゆえに日本の刺身や寿司用食材としてのニーズが，大西洋クロマグロ資源の枯渇を招いたとする欧米の環境保護団体の主張につながったと著者は考える．現実には，主に地中海沿岸国の管理の失敗[5]が後述のワシントン条約問題の主な原因であると考えられるが，とかく日本の特殊性を攻撃対象とする環境保護団体の

[*1] 水産庁

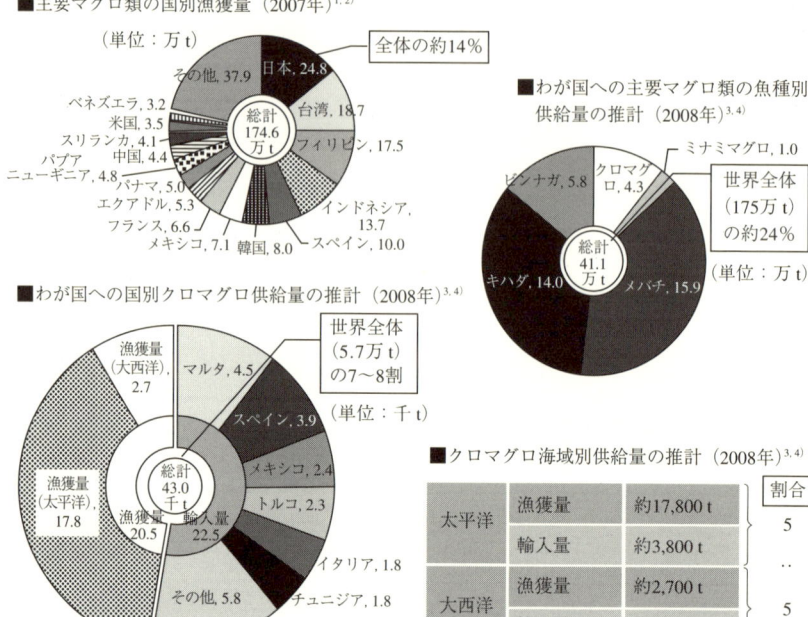

図1・1　世界のマグロ生産および消費におけるわが国の地位

やり方には今後とも注意すべきであろう．また，近年は欧米や中国などにおいても寿司など日本料理が人気を集めるようになったため，大きなクロマグロ消費が海外に生まれてきているとの受け止め方があるが，やはり日本の消費は現在も圧倒的に大きく，クロマグロに関する限り，世界の漁業は日本の市場を目指した生産となっているといえよう．

§2. 漁業管理体制

　カツオ・マグロ類は，大洋を広く回遊するため，その資源管理のためには回遊域全体を管理する地域漁業管理機関が沿岸国と漁業国をメンバーとして活動している．図1・2（口絵）に示す通り，世界には5つの地域漁業管理機関があ

り,この中でミナミマグロ保存委員会(CCSBT)だけがひとつの魚種の回遊範囲全体を管理するという特殊性を有する.他の4機関は概ね大洋別に設置されている.これらの機関は歴史的にも機能的にも様々な違いがあるが,毎年1回の年次会議を開き科学委員会の勧告に従ってマグロ類の管理措置を見直し,必要に応じその強化を行っている.クロマグロについては,大西洋クロマグロを管理する大西洋マグロ類保存国際委員会(ICCAT)と太平洋クロマグロを管理する中西部太平洋マグロ類委員会(WCPFC)が重要である.前者は1969年から発効したのに対し,後者は2004年発効という最も新しい機関である.クロマグロに限らずマグロ類資源は,世界中で全般に過剰ないしは満杯まで利用されている状態にあるため,現在,5つのマグロ類地域漁業管理機関は資源保存のため活動を強化するよう求められている.これらの機関には共通した問題も多くあるため,5機関すべてが合同で問題を検討するための,合同地域機関会合のプロセスも2007年から開始されている(最初の会議が神戸で開催されたことから神戸プロセスと呼ばれる).クロマグロはこうした国際資源管理の問題点を端的に表す問題であり,以下,大西洋,太平洋の順に問題を見直してみたい.

§3. 大西洋クロマグロとワシントン条約(CITES)問題
3・1 ICCATにおけるクロマグロ問題[5-9)]

ICCATにおいて大西洋クロマグロは常に論議の中心となってきた.1990年代は,メキシコ湾で産卵しボストン沖などが主漁場となっている,西大西洋クロマグロ資源の減少が著しく,回復がはかばかしくなかったため一連の規制強化が図られ,98年には資源回復計画が採択され資源管理が軌道に乗ることとなった.そこに至る経過の中には,92年京都で開催された第8回CITES締約国会議で西大西洋資源を附属書Ⅰ(国際取引および公海からのもち込みの一切禁止)に掲載するという提案が出され,それが結局撤回されるという大騒動があった.その後ICCATは,漁獲枠半減を含む厳しい規制強化と,貿易禁止を含む厳しい非加盟国漁獲に対する制裁措置の導入という管理措置をとった.この間,地中海で産卵する東大西洋クロマグロ資源については,資源量が西大西洋の10倍以上あり安定した漁業が行われてきていた.

しかしながら90年代後半に入り，こうした東大西洋資源の安定した状況は一変する．このころクロアチアとスペインに導入された，クロマグロの養殖は瞬く間に地中海全域に広がっていった．地中海の漁業は旋網が中心であり，産卵期の大型魚とそれ以外の時期は小型魚を漁獲していたが，産卵後の脂ののりが悪い魚や小型魚は，トロを好む日本市場に向いていない．しかし養殖によりマグロに脂をのせる技術ができ上がり，日本市場への輸出が急速に増大した（図1・3）．この日本向け生産は，伝統的なEU市場向け漁獲に上乗せされることとなった．

他方，1990年代の終わりには，東部大西洋資源は満限まで利用される状況に達しており，ICCAT科学委員会が，ICCATでの漁獲削減を求めていた．しかし日本向け生産を増大したいモロッコ，チュニジア，トルコなど地中海沿岸国はみな漁獲枠の増大を求め，他方，伝統的に大きな漁業を国内にもっているEUは自国漁獲枠の減少に難色を示した．この対立は厳しく，結局，TACの削減など必要な漁獲規制導入が先送りされるという結果につながった．さらに問題だったのは，養殖という生産体制そのものである．養殖向けのクロマグロの漁獲は，旋網により行われ，魚は生きたまま生簀船のネットに移動，これを地中海沿岸の各国の養殖場へ曳航して魚を養殖施設へ活け込む．旋網船は数ヶ国の国籍のものが入り乱れて操業し漁獲枠の貸し借りも行う．ICCATの規制は漁獲量を量的に規制する方法が主体だが，こうした混乱した状況で生きた魚の量

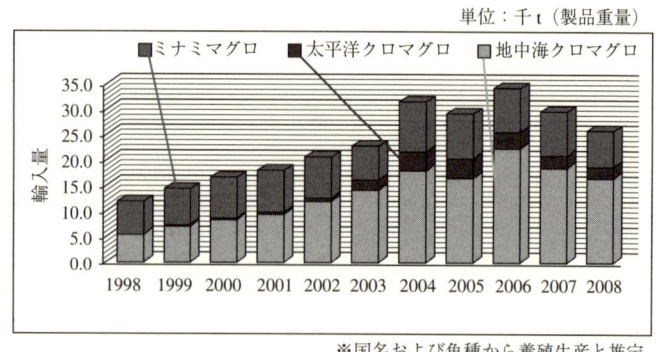

図1・3　海外からの養殖マグロの輸入量の推移[6]

を量ることは極めて困難であり，結果として漁獲枠が守られない状況を生んだ．

2006年，ICCATの科学委員会（SCRS）は，産卵期すべて（5，6，7月）を地中海全域で禁漁とし最小漁獲サイズ30 kgを厳守することにより漁獲総量を1万5,000 t水準に落とすよう勧告したが，ICCATで決められた措置は，2007年から2010年まで段階的にTACを2万5,500 tまで引き下げるというものに留まった．しかもSCRSは，クロマグロ漁船個々の漁獲能力を積み上げて東大西洋クロマグロ資源の実漁獲量を試算すると，違法漁獲を含めて6万tに達している可能性があると警告した（これは過剰推計であることが後に明らかになったが，日本の大西洋クロマグロの輸入量を踏まえた筆者の個人的見解としては4万t強の漁獲はあったものと推計）．

このような状況の下，2008年，09年とICCATにおいて管理措置の見直しが行われ，2009年の見直しの結果，TACはようやく1万3,500 tとSCRSが勧告した範囲（8,500～1万5,000 t）に収まり，地中海の漁期も5月15日から6月15日の1ヶ月に短縮するという厳しい管理措置がとられた．また，2007年に導入が決定された漁獲証明制度（CDS：養殖魚の漁獲時から網揚げまで5つのチェックポイントで政府職員とオブザーバー（ダイバーや水中カメラを使用）の確認がなければ輸出できない厳しいトレーサビリティー制度）が2009年漁期から本格実施されたことにより，規制の遵守もようやく確保される体制が整った．すなわちICCATは必要な規制強化とその遵守を実現するのに2000年から2009年まで実に10年の歳月を要したことになる．この結果，資源は悪化し，2010年の年次会議では，資源評価の結果にもよるが，さらなる規制強化がなされる公算が高い．

3・2　CITESドーハ会議

ICCATの資源管理の遅れは，再び大西洋クロマグロがワシントン条約（CITES）で取り上げられる事態を招くこととなった．2006年以降，ヨーロッパの世界自然保護基金（WWF）やグリーンピースはICCAT批判を強め，やがて東大西洋クロマグロの全面禁漁を求めてキャンペーンを展開するようになった．翌年のドーハにおける第15回CITES締約国会議を控え，2009年，これら環境保護勢力は，環境問題に関心が強いモナコ公国のアルベール皇太子に働きかけ，その結果，モナコは，大西洋クロマグロを東西の資源ともに附属書Iに

掲載する提案をCITES事務局に提出した．EU加盟国の場合，EU全体としての決定がない限りCITES提案はできないため，EU非加盟のモナコに白羽の矢が立てられたわけだ．

CITESは，1972年の国連人間環境会議に端を発して作られた機関であり，本来，アフリカゾウやジャイアントパンダなど絶滅に瀕した動植物を保護するためのものだ．絶滅危惧種である以上，徹底した保護を施し，長期的な回復を図ることは当然であり，このためCITESでは一度絶滅危惧種に指定するとこれをなかなかはずせない仕組みとなっている．絶滅危惧種に指定されれば，いかなる種であっても持続的利用が可能な資源という考え方が適用されないわけだ．実際，アフリカゾウは，現在，個体数が増加し住民の集落や生活を脅かしているのにもかかわらず，30年以上経った今も附属書Ⅰからはずされていない．これまでのCITES締約国会議では，附属書にできるだけ多くの種を掲げることが目的であるかのごとき運営が図られてきているように著者は感じており，陸上種についてはほとんど掲げるべき種をすべて掲載してしまったため，近年は，海産の漁業対象種を掲載しようという機運が環境保護勢力の中に生まれたのであろう．こうした事情で，持続的利用が可能な漁業対象種をCITESにもち込むことは絶滅危惧種保護というCITESの目的と機能に本来そぐわないにもかかわらず，15回締約国会議において大西洋クロマグロは，海産種へのCITESの活動拡大のシンボルとして大きな注目を集めることとなった．

東大西洋クロマグロの大半の漁獲を挙げているEU，また西大西洋資源の最大の漁獲国である米国は，ともにモナコ提案で痛手を受けるにもかかわらず，国内の環境保護勢力の激しいキャンペーンにさらされ，ドーハ会議直前にいずれもモナコ提案を原則支持する立場を明らかにした．一方，わが国は，東大西洋クロマグロについて漁獲量はTACの8.5%程度と小さいものの，一度CITESの附属書に掲載されるとそれが解除された例がこれまでないこと，また，その他の魚種についてもCITESの規制が拡大していくおそれがあることなどの理由から，大西洋クロマグロはICCATで管理すべきとしてモナコ提案反対の立場を当初から明らかにし対応した．組織だった外交申し入れや，政治レベルでの働きかけなど事前に周到な運動を展開した上で，大代表団でチームワークよくドーハ会議に対応した結果，幸いにも，モナコ提案は20対68という圧倒的

な票差で否決された．しかし，反省すべき点や考え直す点は多々ある．そのうち重要な2点のみ取り上げておきたい．

有力国の立場の変化と途上国とのつきあい

本来，漁業国は味方になるはずであった．特にEUは最大のクロマグロ漁業国であり，漁業関係の国際会議では日本と近い立場で対応してきていただけに，その立場の逆転はわが方にとり脅威となった（しかしEUはCITESで27票という大票田である一方，その立場をまとめるのに大変苦労しており，会議対応の動きが鈍かったことは，わが方に有利に働いた）．また漁業国であるノルウェーもモナコ提案支持に回ったことは驚きであった．こうした先進漁業国の立場の変化には留意すべきであり，これは政策決定に環境保護的観点が重要な要素となりつつあることの表れと見るべきだろう．日本もこの例外ではなく，漁業の権益のみに偏った対応はもはやできない．環境，特に資源の持続的利用を優先し，対外的に十分説明できる対応が望まれている．今回の会議でも，日本が反対のための反対でなく，ICCATにおいて近年，資源保護のための主張を積極的に展開してきたことが会議の流れを引き寄せるために重要な役割を果たしたことを忘れるべきではないだろう．

また，日本と立場を同じくした国々のほとんどが途上国であり，彼らが自分たちの問題としてモナコ提案に反対したことも銘記されるべきだろう．途上国は，先進国の乱獲で悪化した資源のつけを払わされるのは不当であることや，国内市場をもつEU等先進国がモナコ提案採択の場合でも国内市場向け漁獲を続けられるのに対し，国内市場のない途上国は禁漁に等しい結果になり不公平なことを主張した．今後あらゆる国際会議において途上国の観点に配慮することなしに仕事はできないし，かつての先進国主導で会議結果を達成するというアプローチはもはや通用しないと考えて然るべきだろう．

資源管理に積極的に取り組む

本問題の発端は資源管理の遅れにあった．これは何もICCATに限られた問題ではない．ほとんどすべての漁業管理機関において，資源が悪化した場合，漁船側は直ちに規制強化に対応できず十分な規制の導入が後追いになり，さらに資源が悪化するという悪循環に陥りやすい．国際機関は絶対の判断者ではなく，国益と国益のぶつかり合いの中で妥協を生みだす枠組みでしかないことを

よく理解した上で，わが国としては，資源状態が悪くなれば，最低限，資源を増加させ回復する道をつけることができるよう従前から国内外に対し準備を進めておくべきであろう．国際的には，どの海域においても資源の量に比して漁船数が多過ぎ，特に大型旋網船建造について過剰な投資が相変わらず止まらない状況に歯止めをかけるべく対外的努力を強めるべきである．他方，国内においては，資源回復のため我慢しなければいけないときに耐えられるよう休漁支援や漁船団のスリム化や合理化といった対策をきめ細かく立てておくべきであろう．結局，資源がなくなれば，漁業に従事している誰もが困るわけで，資源問題の前に経済的な問題を優先できないことを肝に銘じるべきと思う．

　さらに規制を導入する以上，それが守れる体制が重要で，関係漁業者が総意で取り組む体制を作り，漁場において相互が不信感なく対応できるようにすることは重要と思われる．これが結局，監視や取締のコストを削減し，資源管理の効果を向上させることにつながる．また，漁船数の適正化と管理取締措置に加えて，漁獲証明制度など違反物を排除するトレーサビリティーのシステムをコストと労力を勘案の上早急に検討すべきと思われる．

§4. 太平洋クロマグロの管理
4・1　資源をめぐる状況

　CITESドーハ会議直後，赤松広隆農水大臣は談話を発表し，日本が今後，国際的な資源管理に積極的なリーダーシップを発揮していくこと，わが国水域の資源管理の強化にも取り組むこと，国際ルールに反した水産物の輸入をしないこと，などの方針を明確に打ち出した．これを受けて5月に農水省は，「太平洋クロマグロの管理強化についての対応」を発表し，国際的な動きに先駆けて国内におけるクロマグロ資源管理を強化し調査研究を推進する方針を打ち出した．この方針は以下の状況認識に立っている．

　太平洋クロマグロの漁業の歴史は長く，第2次世界大戦後においても日本は一貫して圧倒的な漁獲シェアを誇ってきており，近年も全漁獲量の7～8割を維持している（図1・4）．かつて米国は1万t規模の漁獲を旋網であげていたが近年は激減し，替わってメキシコ，台湾，韓国の漁獲が増えた．また，産卵場はフィリピンと台湾の間のバシー海峡から日本海，あるいは本州太平洋岸に広

1章　資源動向と管理　17

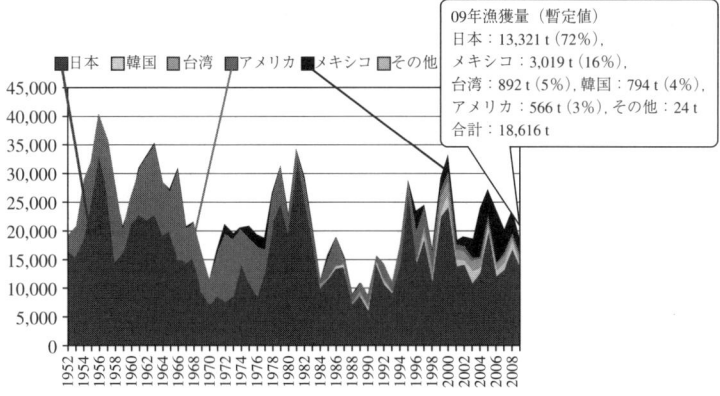

図1·4　太平洋クロマグロの国別漁獲量の動向[2]

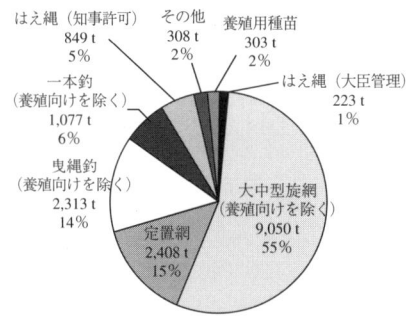

図1·5　わが国の太平洋クロマグロ漁業種類別漁獲割合[*2]

く分布しているが，そのほとんどが日本のEEZ（排他的経済水域）内に存在している．さらに日本の漁獲量のうち過半は，旋網により漁獲され残りは定置網，曳縄など多様な沿岸漁業によるものである（図1·5）．その漁獲物の特徴としては，0～1歳の未成魚の漁獲が9割以上を占めそれが増大してきたことである（図1·6）．

[*2] 水産庁調べ

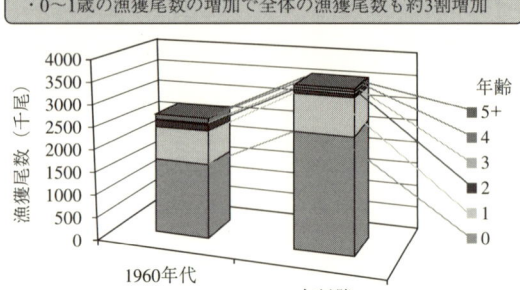

図1・6　太平洋クロマグロの年代別・年齢別漁獲尾数の変化[*3]

4・2　資源状態と管理方策

こうした状況のため5月に発表された方針では、旋網による未成魚の漁獲を減少させ「大きく育ててから漁獲する」という資源管理の基本に帰った取り組みを進めようとしている。2010年の北太平洋マグロ類国際科学委員会（ISC：北太平洋に東西を問わず広く回遊するマグロ類の資源評価を行っている）は、親魚資源に若干の減少が見られ、資源への漁獲圧力、特に未成魚（0〜3歳魚）へのそれを2002〜04年水準より引き下げるよう勧告しており、これは日本の資源管理方針と認識を新たにするものであった。これを受けてWCPFC北委員会では、漁獲努力量を2002〜04年水準より低く抑え、特に未成魚の漁獲は同水準よりも引き下げるよう本委員会へ勧告することとなった[10]。韓国はこれに留保を付したが、12月のWCPFCでは留保が取り下げられ北委員会の勧告が正式化することが期待されている。なお、この勧告では沿岸小規模漁業が対象から除外されているが、これは、同漁業が伝統的に継続され安定した水準にあることが前提となっており、規制外といっても、漁獲データの提供はしなければならない。

　こうした国際的な情勢も加味して、2010年末までには、未成魚の漁獲抑制を中心とした太平洋クロマグロ資源回復計画が策定される見込みである。こう

[*3]　水産庁調べ

した取り組みの中には，沿岸の曳縄漁業を届出制に移行し漁獲報告を義務化することやクロマグロ養殖場を登録制にすることも含まれている．さらに調査研究面では，漁獲情報の迅速な把握に加えて，産卵場の調査の拡充やクロマグロ完全養殖と種苗放流の技術開発も含まれている．このような総合的な取り組みが早期に成果を上げることが期待され，漁業や流通業者ばかりでなく一般消費者へも情報を広く提供していくこととなっている．

4・3 養殖の位置づけ

日本沿岸のクロマグロの養殖について，地中海と異なる点は，ほとんどの原魚を曳縄漁業から得ている点にある．旋網に比べ数量把握は困難ではないので正確な漁獲情報の提供が重要である．現状以上に養殖場を増大したり，生簀を大幅に増やすことがなければ，曳縄の漁獲を増大させることにつながらず資源的に大きな問題は起こさないと考えられるが，地中海でかつて起こったような，養殖場建設ラッシュは是非とも避けなければならない．この状況モニターのためにもクロマグロ養殖場の登録制がスタートするわけだ．

旋網による原魚供給については，未成魚の漁獲量を減少させていく中で，経済面，操業効率面，いずれからみても原魚供給の増大は考えにくいが，その動向は漁獲管理の中でモニターされていくこととなる．

いずれにしても，これから資源管理を強化し，太平洋クロマグロ資源の持続的利用を確保していこうという矢先に，国内の養殖事業をめぐって，関係企業の過当競争や過剰投資は厳に慎まれるべきものだろう．

天然魚に原魚を依存している以上，資源管理の枠内で制約を受けるのはあたりまえのことであり，かつて，地中海やメキシコが養殖マグロを過剰生産し市場で暴落を経験したことからみても，過剰投資は行うべきでない．これはメキシコや養殖を開始したばかりの韓国についても同じことがいえるだろう．こうした面も韓国，メキシコとの国間協議で話しあっていくこととなろう．

4・4 今後の資源管理

大西洋クロマグロの資源管理の失敗は，太平洋クロマグロや他のマグロ資源管理に多くの教訓を残し，日本は，かつての外圧に押されて規制強化を受け入れるという受け身の対応から，資源の持続的利用の実現に向けて主体的に国際的にも国内的にも資源管理を進めていくという積極的対応に変化してきた．今

後，社会経済的要因に十分配慮していくものの，資源管理を中心にすえた対策に舵を切って行かざるを得ない状況について，よく理解を求めた上で，漁業者や関係者の一体となった取り組みを進めていく必要がある．

文　　献

1) FISHSTAT Plus. Capture production. FAO. 2010.
2) ISC10 Plenary Report. International Scientific Committee for Tuna and Tuna-like Species in the North Pacific Ocean. 2010.
3) 漁業・養殖業生産統計年次別統計魚種別漁獲量. 農林水産省. 2010.
4) 貿易統計品別国別表. 財務省. 2010.
5) Report for biennial period. International Commission for the Conservation of Atlantic Tunas. 2008−2009.
6) Report for biennial period. International Commission for the Conservation of Atlantic Tunas. 2000−2001.
7) Report for biennial period. International Commission for the Conservation of Atlantic Tunas. 2002−2003.
8) Report for biennial period. International commission for the Conservation of Atlantic Tunas. 2004−2005.
9) Report for biennial period. International Commission for the Conservation of Atlantic Tunas. 2006−2007.
10) Summary Report of the Northern Committee Sixth Regular Session. Western Central Pacific Fisheries Commission. 2010.

2章　漁獲規制の動向と価格への影響

多田　稔*

§1. 強化される漁獲規制

クロマグロ（*Thunnus orientalis* and *T. thynnus*）資源の減少によって、その漁獲規制は世界的に強化されようとしている。地中海におけるクロマグロ漁獲枠が大西洋マグロ類保存国際委員会（ICCAT）によって大幅に削減された。これに続いて、太平洋では中西部太平洋マグロ類委員会（WCPFC）によってメバチ（*T. obesus*）の漁獲枠が設定されるとともに、クロマグロの漁獲努力量規制が導入された。さらに、太平洋クロマグロの資源を保全するため、農林水産省によって資源回復計画の策定、大中型旋網漁業における漁獲サイズの制限や個別漁獲割り当ての導入、および、養殖業者による実績報告書提出などの実施が検討されているところである[1]。

したがって、天然マグロの価格上昇が予想されるとともに、完全養殖クロマグロの産業化に対する期待が高まっている。このような状況下において、本章では、天然マグロや養殖向けヨコワの供給不足によってクロマグロ価格がどこまで上昇するのか、また、完全養殖クロマグロの市場規模はどの程度であるのかを分析する。

§2. 日本市場へのクロマグロの供給動向

日本市場へのクロマグロの供給は、国産天然、輸入、および国産養殖3つの部分から構成される（図2・1）。

1980年代後半から、日本のバブル景気や円高、さらには国産の供給不足によって大西洋クロマグロの輸入が増加し始め、1990年には輸入が6,956 tとなり、初めて国産を上回った。しかしながら、輸入の増加によっても価格上昇を抑制することができず、1985年前後に約3,000円／kgであったものが、バブ

---

*　近畿大学農学部

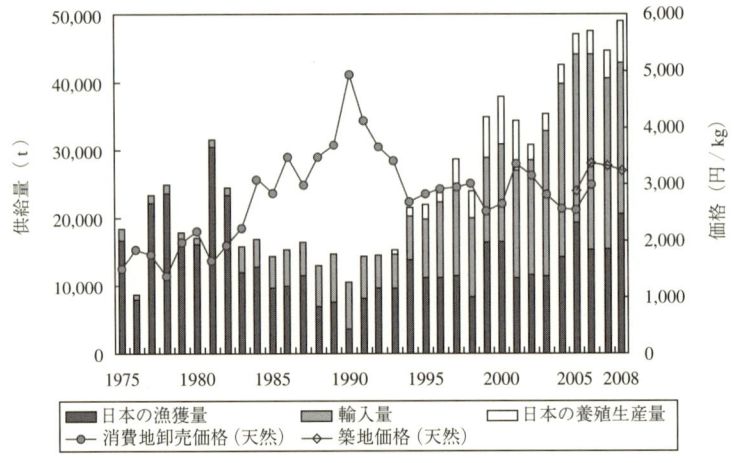

図 2・1　日本市場へのクロマグロ供給動向
　　　出典：1）日本の漁獲量：独立行政法人水産総合研究センター[2]
　　　　　　2）日本の養殖生産量：鳥居[3]，妻[4]
　　　　　　3）日本の輸入量：財務省「貿易統計」
　　　　　　4）消費地卸売価格：農林水産省「農産物貿易統計」
　　　　　　5）築地価格：東京都「中央卸売市場統計」

ル景気最後の 1990 年には最高値の 4,937 円／kg まで高騰した．さらに，1990 年代後半から地中海においてクロマグロの養殖が開始され，輸入に占める養殖の割合が高まった．小野[5]は，2008 年におけるマルタ，スペインなど地中海からの養殖クロマグロ輸入を 17,713 t，メキシコからを 2,388 t，計 20,101 t と推定しており，クロマグロ輸入 22,476 t に占める養殖の割合は 9 割に達する．

　同時に，クロマグロの代替品であるメバチやミナミマグロ（*Thunnus maccoyii*）の供給も増加した．メバチの輸入は 1985 年に 52,000 t であったものが 2002 年に 16 万 t に達したが，最近は日本の不況により約 10 万 t に低下している．メバチの主要輸入元は中国と台湾であり，特に台湾のインド洋における漁獲量は日本の輸入量変動と強く連動している．

　また，ミナミマグロの輸入はオーストラリアで養殖が開始された 1991 年から増加し始め，1998 年に 1 万 t を超えた．しかし，資源の減少が著しく，2005 年から輸入量も減少し，最近の輸入は約 9,000 t である．ミナミマグロの大部

分はオーストラリアからであり,ほぼ全量が養殖によるものである.

オーストラリアにおける代表的な養殖業者であるS社は1999年に養殖を開始し,現在の豪内シェアはミナミマグロの漁獲枠シェアと同程度の8%である.出荷量640 tのうち,600 tが日本,30 tが米国とEU,10 tが国内向けである.

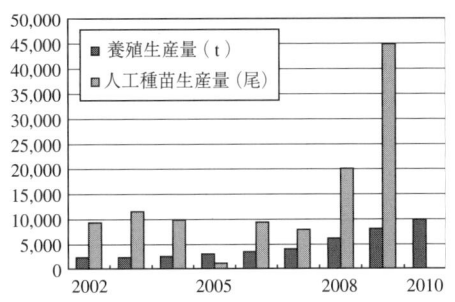

図2·2 養殖クロマグロとその人工種苗の生産量
(注) 養殖生産量の2010年は予想値.
出典:1) 養殖生産量:鳥居[3],婁[4]
2) 人工種苗生産量:近畿大学水産研究所資料

さらに,国産養殖の供給も増加した.国産養殖クロマグロの生産量は2008年に6,000 tに達し,2009年にオーストラリアの養殖ミナミマグロ生産量を超え,2010年には地中海の養殖クロマグロ生産量を上回ったと推定されている.このような過程において,近畿大学は2002年にクロマグロ完全養殖技術の開発に成功し,2004年に出荷を開始,2007年には人工種苗を出荷するに至った(図2·2).

養殖クロマグロの価格は,回転寿司レストランの開業が相次いだ1998年から2002年にかけてトロ需要に支えられ,天然マグロと比較して非常に高価なものであった(図2·3).しかし,トロ需要が一巡したため,最近では天然生鮮,天然冷凍,養殖の間での価格差は見られなくなっている.そこで,クロマグロの中で最も代表的な生鮮クロマグロと冷凍メバチの消費地卸売市場価格を指標とするマグロ価格決定モデルを構築する.

キハダ (*Thunnus albacares*) は日本では良質のものを刺身として消費しているが世界的にはツナ缶詰として消費されることが多い.その漁獲量もクロマグロ価格に影響するものの,その影響度が極めて軽微であるため,ビンナガ (*T. alalunga*) とともに当モデルにおいては過度の複雑性を回避するために省略している.

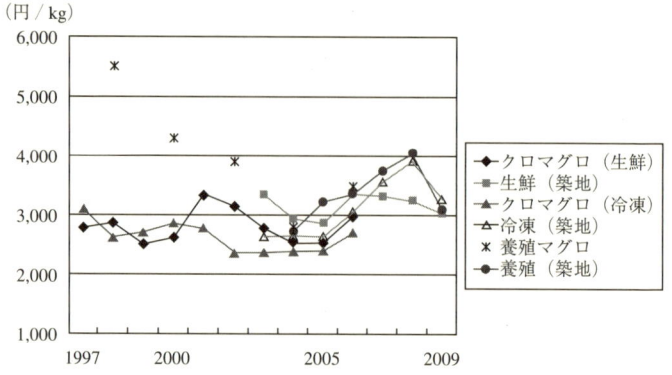

図2・3 クロマグロの消費地卸売価格の推移
出典：1）天然クロマグロ価格：農林水産省「水産物流通統計年報」
2）養殖マグロ価格：鳥居[3]，時事通信社「時事水産情報サービス」

§3. モデルの構造と推定結果

マグロ類には複数の種があり，多くの国で消費されている．その価格決定メカニズムをモデル化するため，二つの仮定を置く．仮定の一つは，寿司の消費が世界各国で増加しているものの，日本市場がマグロ価格形成の面で依然としてプライスリーダーであるというものである．二つめの仮定は，日本市場では消費量の相対的な相違により，メバチが刺身マグロのプライスリーダーであるというものである．

日本のメバチ消費量約20万tが世界の約半分を占めており，また，それが日本のクロマグロ消費量約4万tの5倍，ミナミマグロ消費量約1.0～1.7万tの12～20倍に相当することから，以上の仮定は第一次近似として妥当するものと考えられる．

日本市場においてメバチ価格を決定する需要サイドの要因は所得水準を示す指標である実質GDPである．したがって，メバチ価格は各海域におけるメバチ漁獲量合計と日本の実質GDP（国内総生産）によって決定される．

また，クロマグロの価格は主としてメバチ価格を参考にして決定されるが，クロマグロとメバチやミナミマグロとの代替関係が存在するため，ミナミマグロやメバチの漁獲量もクロマグロ価格の決定に影響する．

以上の関係をフローチャートに示したものが図2・4であり，メバチとクロマグロの価格関数の計測結果は以下の通りである．二つの価格関数はE‒Viewsを用いた最小二乗法によって推定されている．なお，消費地卸売市場の平均価格が2007年以降入手できないため，計測期間は2006年までとなっている．

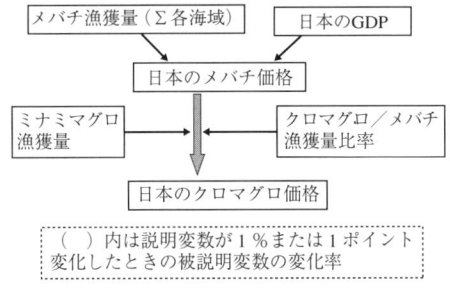

図2・4　クロマグロの価格決定メカニズム（長期的関係）

なお，ここでは漁獲量が与えられたときの価格の安定的な均衡値を求めることを目的として年次データを用いており，漁獲量データや漁獲枠も多くは年単位で扱われる．短期的には在庫変動や将来の漁獲動向を見込んだ投機的需要による価格変動が存在し，それを分析するためには月次データの利用が望ましい．

【メバチの価格関数】

$\ln(\text{JBETP/JCPI}) = -0.720 \ln \text{WBETQ} - 1.151{}^*10^6/\text{JGDP} + 11.95$
　　　　　　　　　　　(−4.52)　　　　　　(−1.71)　　　　　　(5.41)

　　　R^2：0.64, DW：1.62, 計測期間：1975～2006

【クロマグロの価格関数】

$\ln \text{JBFTP} = 0.738 \ln \text{JBETP} - 0.127 \ln \text{WSBTQ}$
　　　　　　　　(5.37)　　　　　　　(−2.05)

　　　　　　$-4.620 (\text{WBFTQ/WBETQ}) + 4.80$
　　　　　　(−5.99)　　　　　　　　　　(4.18)

　　　R^2：0.84, DW：1.56, 計測期間：1975～2006

　　　（　）内は推定された係数のt値

ここで，JBETPは冷凍メバチ価格，JBFTPは生鮮クロマグロ価格，WBETQはメバチ漁獲量の世界計，WBFTQはクロマグロ漁獲量の世界計，WSBTQは

ミナミマグロ漁獲量の世界計，JGDP は日本の実質 GDP（国内総生産），JCPI は日本の消費者物価指数である．

　以上の計測結果に基づくと，メバチ価格はメバチ漁獲量の 1％減少と，2006 年度における日本の実質 GDP の 1％増加に対して，それぞれ 0.72％および 0.27％上昇する．また，クロマグロ価格はメバチ価格の 1％上昇と，ミナミマグロ漁獲量の 1％減少に対して，それぞれ 0.74％および 0.13％上昇するとともに，クロマグロ／メバチ漁獲量比率が 1 ポイント上昇すると，クロマグロの相対的稀少性低下によってクロマグロ価格は 4.62％下落する．

　そこで，モデルの与件（外生変数）であるこれら 3 種のマグロの漁獲量を設定すると，日本市場におけるメバチとクロマグロの価格を推定することができる．ここで，クロマグロの漁獲量には日本での養殖生産量を含んでいる．

　したがって，地域漁業管理機関（RFMO）の漁獲規制が価格に及ぼす影響を推定するためには，漁獲規制の強度に関していくつかのシナリオを設定し，各シナリオの下で実現すると予測される価格と，比較対象となる年次（ベースライン）の価格を比較することが必要となる．ベースライン年次としては，消費地卸売市場平均価格が入手可能な最近年次であり，リーマンブラザーズ・ショックによる経済不況の影響を受けていない 2006 年を用いる．

　シナリオ A は大西洋において ICCAT による最近の漁獲規制合意が実施されたケースを想定している．ICCAT では 2000 年に IUU（Illegal, Unreported and Unregulated：違法・無報告・無規制）漁船の船籍国からの輸入禁止勧告を採択し，2003 年には正規許可船の漁獲物のみ国際取引を認めるポジティブリスト方式に規制強化するとともに，2007 年にはわが国の提案により漁獲証明制度を導入した．また，クロマグロの漁獲枠を削減しており，1990 年代後半には地中海を含む東部大西洋の漁獲枠は 3 万 t を超えていたが，2008 年の年次会合において 2008 年 28,500 t，2009 年 22,000 t，2010 年 19,950 t，2011 年 18,500 t へと削減するとの合意がなされた．しかし，それだけでは十分ではなく，さらに 2009 年に，2010 年の漁獲枠を 13,500 t（うち日本の枠は 1,148 t）へと削減することが合意された．2010 年 3 月にワシントン条約（CITES）締約国会議において大西洋クロマグロの国際取引禁止の提案がなされるに至ったこともあり，今後この漁獲枠がさらにどこまで削減されるか関心がもたれるところである．

大西洋におけるメバチの漁獲量は1994年に13万tを超えたが，それ以降減少して2007年には約8万tとなっている．最近の漁獲量が減少した背景として，中南米の便宜置籍船国から日本への輸入が禁止されたことが一因であると考えられる．その結果，ICCATでは当海域のメバチ漁獲枠を9万tに設定しているものの，最近の漁獲量は漁獲枠を下回っている．

以上の大西洋における漁獲規制に沿って，シナリオAでは大西洋クロマグロの漁獲量を，地中海を含む東部13,500 tと西部1,800 tの計15,300 t，メバチの漁獲量を2006年実績値の66,251 tと設定する．

シナリオB-1およびB-2は，シナリオAに加えて，中西部太平洋におけるWCPFCおよびCCSBTによる最近の漁獲規制合意が実施されたケースを想定している．当海域においては，WCPFCによって沿岸の零細漁業を除きクロマグロを漁獲する努力量を2002～04年水準より増やしてはならないこと，および，2009年から3年間でメバチの漁獲量を2001～04年水準に対して30%削減することが合意された．B-1とB-2の相違は日本の養殖クロマグロ生産量であり，前者では2006年の実績値，後者では2010年の実績値である．

以上の中西部太平洋における漁獲規制に沿って，シナリオB-1では太平洋クロマグロの漁獲量を20,130 t（中西部のみ削減，東部は2006年実績値），大西洋15,300 t，日本の養殖3,500 tの計38,930 t，同様にシナリオB-2ではクロマグロ漁獲量を世界計で45,430 tとする．

また，ミナミマグロに関しては，ミナミマグロ保存委員会（CCSBT）によって漁獲枠が削減され，1996～97年当時に年当たり11,750 tであったものが，2010～11年には各国計9,449 t，うちオーストラリア4,015 t，日本2,400 tとなっている．したがって，シナリオB-1およびB-2のミナミマグロ漁獲量を9,449 tとする．

さらに，メバチに関しては，太平洋のみ規制値の204,999 t，大西洋とインド洋は2006年実績値，計382,861 tと設定する．

シナリオCは完全養殖による人工種苗の供給が天然ヨコワと同等の価格水準で供給可能になった状態を想定し，クロマグロ価格が養殖コストに均しくなるまで供給可能であるとしている．他の漁獲量に関してはシナリオB-1およびB-2と同等である．

以上の各シナリオによるマグロ類価格のシミュレーション結果を表2・1 に示している．なお，各シナリオの根拠となった地域漁業管理機関による漁獲規制の内容については，水産白書や独立行政法人水産総合研究センターから公表される『国際漁業資源の現況』[2]（各年次版）を参照した．

　シナリオAの場合，2006年のベースラインと比較して，大西洋クロマグロの漁獲量が53％減少するため，世界計の漁獲量は28％減少する．その結果，日本市場のクロマグロ価格は2,972円／kgから3,562円／kgへと20％上昇する．

　シナリオB-1の場合，クロマグロの漁獲量の減少が一層顕著になるとともに，メバチやミナミマグロの漁獲量も減少する．そこで，クロマグロとメバチの価格はそれぞれ31％および9％上昇する．しかし，シナリオB-2の場合，日本の養殖クロマグロ生産量がベースラインの3,500tから2010年実績の1万tに増加するため，クロマグロの価格上昇は緩和される．

　シナリオCの場合，日本の養殖クロマグロ生産量が2万tに達すると，現在のクロマグロ養殖コスト（研究開発費や固定費を含まない[1]）とほぼ均衡する価格3,193円／kgが実現する．また，生産量が2万tを超えると価格が原価割れとなる．したがって，人工種苗を用いて物理的に2万t以上を養殖可能なとき，採算ベースでは2万tの生産が限界となる．

§4. 価格上昇の見通し

　日本の養殖クロマグロ生産が急激に増加する一方で，地中海やオーストラリアにおけるクロマグロやミナミマグロの養殖生産は資源制約によって停滞あるいは減少している．ワシントン条約（CITES）締約国会議での協議や生物多様性への関心が高まる中で，今後は天然マグロの漁獲規制はますます強化されると考えられる．そこで，完全養殖クロマグロの産業化に対する期待が高まっている．2009年の日本においては，人工種苗の販売量は養殖向け天然ヨコワ使用量の10％に達した[6]．

　本章における計量経済的推定によると，現在ICCAT，WCPFC，CCSBTで合意されている漁獲規制案が実施に移されると，日本の消費地卸売市場におけるクロマグロとメバチの価格はそれぞれ2006年のベースラインと比較して31％

表2・1 マグロ漁獲規制と価格に関するシミュレーション結果

		2006[*1] 基準年	シナリオA ICCATによる規制	シナリオB-1 ICCAT, CCSBT, WCPFCによる規制	シナリオB-2 ICCAT, CCSBT, WCPFCによる規制と日本の養殖生産増加	シナリオC 人工種苗の量産化
クロマグロ						
天然	太平洋	24,090	24,090	20,130	20,130	20,130
	大西洋	32,275	15,300	15,300	15,300	15,300
養殖	日本	3,500	3,500	3,500	10,000[*2]	20,000
	計	59,865	42,890	38,930	45,430	55,430
ミナミマグロ	計	12,572	12,572	9,449	9,449	9,449
メバチ	太平洋	254,829	254,829	204,999	204,999	204,999
	インド洋	111,611	111,611	111,611	111,611	111,611
	大西洋	66,251	66,251	66,251	66,251	66,251
	計	432,691	432,691	382,861	382,861	382,861
価格						
クロマグロ	円/kg	2,972	3,562	3,896	3,602	3,193[*3]
メバチ	円/kg	915	915	999	999	999

注：[*1] 消費地卸売市場平均価格の入手可能最終年次
　　[*2] 2010年実績値（見込み）
　　[*3] 研究開発費，固定費を除く生産販売費用に概ね相当

および9%上昇する．もし，完全養殖技術を用いた人工種苗の供給が可能になれば，採算ベースでは人工種苗を用いた養殖クロマグロの生産量は約1万tと推測され，現在行われている天然ヨコワを用いた養殖と合計すると約2万tの養殖クロマグロ市場規模となる．このとき，クロマグロ価格は2009年の実績値にほぼ等しい約3,200円/kgとなる．

　以上の推定は，クロマグロ価格が養殖コストを上回る限り，日本は人工種苗を用いた養殖クロマグロを無制限に供給できることを前提としている．したがって，養殖場の空間的制約を考慮に入れると，外国の養殖企業に対する技術移転も，日本の養殖可能スペースを超えた需要に対する現実的な方策であると考えられる．

　地中海においては完全養殖クロマグロを従来の養殖サイズよりも小さい20

〜30 kg サイズでステーキ用に出荷することも検討しており[7],完全養殖技術の普及によって寿司以外の用途にも需要の拡大が期待されるところである.

文献

1) 水産庁. 太平洋クロマグロの管理強化についての対応について. 水産庁ホームページ. 2010年5月11日.
   http://www.jfa.maff.go.jp/j/kokusai/kanri_kyouka/index.html.
2) 独立行政法人水産総合研究センター. 国際漁業資源の現況.
   http://kokushi.job.affrc.go.jp/.
3) 鳥居享司. 養殖マグロの生産量推移と大手資本の動向. 養殖, 2008; 9月号: 25-27.
4) 妻小波. マグロの需給関係と市場構造.「マグロの科学」(小野征一郎編著) 成山堂書店. 2008.
5) 小野征一郎. マグロ養殖業の課題.「クロマグロ完全養殖」(熊井英水, 宮下 盛, 小野征一郎編) 成山堂書店. 2010.
6) 熊井英水. クロマグロ増養殖の来歴と現状そして将来.「クロマグロ完全養殖」(熊井英水, 宮下 盛, 小野征一郎編) 成山堂書店. 2010.
7) Mylonas C, Gandara F, Corriero A, Rios AB. Atlantic Bluefin Tuna (*Thunnus thynnus*) Farming and Fattening in the Mediterranean Sea. *Reviews in Sisheries Science* 2010; 18(3): 266-280.

II. クロマグロの人工種苗の量産化技術

3章 現状と今後の動向

澤田好史*

§1. クロマグロ養殖における技術の概要と分類

日本のマグロ類種苗生産技術は世界最先端の水準にある．今では毎年クロマグロ人工種苗が大学，企業，独立行政法人，地方自治体の試験研究機関，生産施設で試験規模あるいは産業規模で生産され，それを育てた人工孵化・養殖クロマグロが消費者に届くまでになっている．また人工種苗は天然海域への放流による資源増強の目的でも生産されている．日本でマグロの人工種苗生産技術が発達したのには，マグロ類をはじめとする水産物の長い利用の歴史と，マグロ類の現在なお高い需要が背景にある．クロマグロをはじめとするマグロ類の養殖は，すでに生産が地中海諸国やオーストラリア，メキシコなどに広がりをもっていることに加え，これまで日本が生産物の唯一の輸出先であった状況から，今後は世界の多くの国でその生産物が利用されることが予想される．

マグロ類資源の減少防止と，このような需要の広がりに対し，マグロ類人工種苗生産技術も，日本のみならず主な養殖マグロ生産国であるヨーロッパ地中海諸国，オーストラリアを中心として開発が行われるようになり，国際的な技術開発の競争あるいは協力が生まれようとしている．

マグロ類養殖技術は，当然のことであるが，他種の養殖技術を雛形として発展してきた．しかしながら，魚種による養殖技術の違いは多かれ少なかれあり，特にマグロ類では大型の回遊性魚類がもつ性質からその違いが大きく，新たな技術が生まれる要因となっている．

クロマグロを含むマグロ類の養殖技術は，その内容を考慮すると次の3つに分類することが適当であろう．それらは①イノベーション（技術革新：

---

* 近畿大学水産研究所

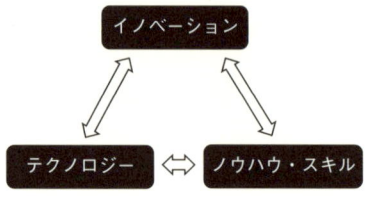

図 3·1　養殖技術の分類

Innovation），②テクノロジー（技術：Technology），③ノウハウ・スキル（Knowhow, Skill）である（図3·1）．このマグロ養殖分野におけるイノベーション，テクノロジー，ノウハウ・スキルの性質の異なる3つの技術は相互に作用し，どれかの発展が残り2つの発展を促すようにして進むものと理解される．したがってイノベーション，テクノロジー，ノウハウ・スキルのバランスの取れたマグロ類人工種苗量産化技術の開発を実施することが日本のマグロ養殖産業の持続的発展にとって重要である．以下にそれらのうち特に重要なものに関して，現状については本書各章で解説されることもあり，特に今後の動向に重点を置いて解説する．

§2.　クロマグロ養殖産業における技術

2·1　イノベーション

マグロ類養殖において，これまでにイノベーションと呼ぶべきものは，1970年に水産庁が主導して始まったマグロ類養殖技術開発試験などにおける人工種苗量産化の発想そのものであろう（表3·1）．それまでは大型の高度回遊性魚類の人工種苗量産は不可能と考えられ，その発想そのものが存在しなかった．また，その後のマグロ類養殖の技術的発展を見ても，量産人工種苗を用いた養殖は，天然種苗を利用しないことによるマグロ類資源保護への貢献や，卵から仔稚魚，幼魚，成魚と全発育段階を直接管理し，生産される魚のトレーサビリティを完全に確立できる養殖生産により，より高度な管理が可能となることからも，天然捕獲種苗を用いる養殖とは全く異なる技術革新である．2010年3月のワシントン条約締約国会議では大西洋クロマグロの貿易禁止による同海域

表3·1 クロマグロ人工飼育黎明期の取り組み

1969 年	長崎県水産試験場　クロマグロ飼い付け
1970 年	水産庁プロジェクト　「有用魚類大規模養殖実験事業」
	1）タラバガニ：北海道区水産研究所
	2）サケ：東北区水産研究所
	3）クロマグロ：遠洋水産研究所
	「マグロ類養殖技術開発試験」1970〜1972 年
	静岡・三重・長崎水産試験場・東海大学・近畿大学
1971 年	鹿児島県水産試験場　クロマグロ飼い付け
1974〜1976 年	鹿児島県水産試験場（県単独事業）
1975〜1981 年	高知県水産試験場（沖合漁場利用養殖技術開発 企業化試験：水産庁委託）

からのクロマグロ供給停止は避けられないものの，日本はマグロ類資源保護に大きな責任を負うこととなったことから，天然資源に頼らない人工種苗生産技術開発は，さらにはずみがつくことが予想される．

今後のマグロ類人工種苗生産技術において新たなイノベーションと呼べるものとしては，マグロの品種改良が挙げられる[1]．これは世代を継続した完全養殖達成と種苗量産化後の必然的な技術的方向性である．品種改良技術は，これまでの陸域の植物栽培，畜産業で多くの例があるように，高成長，耐病性といった生産者にとって必要な性質のみならず，加工・流通業者にとっても必要な保存性や肉の物理的性質，あるいは消費者が望む味や安全性などの性質を備えたマグロを生産できる可能性がある．近畿大学では人工孵化魚が成熟し産卵に至ったいわゆる完全養殖達成後[2]，品種改良に向けて F3 世代まで継代飼育が進んでいる．

2·2　テクノロジー

人工種苗量産化におけるテクノロジーとしては，外洋に生息するマグロ類の生理・生態が，先行して技術開発が進められていたマダイ，ヒラメなど沿岸性魚類と大きく異なることから，餌料・飼料，親魚管理・成熟・採卵，仔稚魚飼育，中間育成，流通・販売の各分野で，科学的裏付けが可能なマグロ類用のテクノロジーがこれまでに数多く開発されてきた経緯がある．それらのテクノロジーは未完成であり，さらなる開発を必要としている．また昨今は世界でのマグロ類需要が急速に拡大しつつあること，マグロ類の安定供給は日本の国民的

1. 天然魚捕獲・輸送
2. 親魚管理・成熟・採卵
3. 仔稚魚飼育
4. 中間育成
5. 養成
6. 餌料・飼料
7. 収穫
8. 漁場環境保全
9. 加工・保存
10. 流通・販売
11. 国内外での展開・移転
12. 知的財産保護
13. 世論形成・政策提言

図3・2　クロマグロ養殖産業におけるテクノロジー

課題とされている状況を考慮すれば，今後は国内外での養殖展開・技術移転，開発した生産技術を守り国際的競争に打ち勝つための知的財産保護，技術開発と産業化を後押しするような世論形成・政策提言の各分野におけるテクノロジー開発も大いに必要である．

　クロマグロ養殖産業におけるテクノロジーは以下のように分類される．まず，養殖用種苗の確保技術として，従来の養殖の形態における天然魚捕獲・輸送技術と，人工孵化飼育技術があげられる（図3・2）．人工孵化技術は，親魚管理・成熟・採卵，仔稚魚飼育，稚魚から種苗サイズの幼魚までの中間育成に分類される．次に，種苗からの飼育に関して，マーケットサイズまでの養成，収穫，餌料・飼料の各技術と，養殖場の環境保全技術がある．さらに収穫後では，加工・保存，流通・販売の技術がある．これらに加え，今後のさらなるクロマグロ養殖産業発展には，国内外での展開・移転，知的財産保護，世論形成・政策提言の技術も充実させることが必要となろう．

天然魚捕獲・輸送

　養殖用種苗確保の技術では，天然魚捕獲・輸送技術は，日本での曳縄釣りによる幼魚捕獲，主として海外での旋網による幼魚，未成魚，成魚の漁獲技術とそれぞれテクノロジーが発達している．

親魚管理・成熟・採卵

　人工孵化飼育には受精卵を供給する親魚の管理・成熟・採卵技術が重要となる．クロマグロ親魚はサイズが大きいこと，活発な遊泳をすることから飼育に

は大きな空間(生簀・水槽)を必要とする.また,飼育下のマグロ類親魚では,成熟する個体の割合が低いことが報告されている[3].したがって,親魚群編成には多数個体が必要であることから,親魚飼育は大きな経費を伴うものとなっている.今後は親魚飼育の効率化によるコストダウンも必要である.

採卵の効率化を図るには,産卵の成功率を上げることも必要であり,そのためには産卵環境を制御できる陸上親魚水槽が有効であろうと考えられる.マグロ類の陸上水槽での産卵は,全米熱帯マグロ類委員会アチョチヌス実験場(パナマ共和国)[4,5]およびゴンドール海洋増養殖研究所(インドネシア)でのキハダ[6],東京都立葛西臨海水族園での太平洋クロマグロ[7],クリーンシーズツナ(オーストラリア)[8]でのミナミマグロでの成功例がある.陸上水槽でのマグロ類親魚飼育は,水温,日長などの環境制御により産卵時期の制御が可能となり,種苗生産が計画的に行えること,魚病対策がある程度可能であることが利点である.これに対し,建設コスト,電気代や重油代などの運転コストが嵩むこと,マグロ特有の問題としての衝突死の多発などが欠点である.

親魚管理・成熟・採卵では,この他に親魚用飼料の開発,催熟ホルモン投与法[9],親魚の遺伝的構成の把握と管理が今後の大きな課題である.

仔稚魚飼育

受精卵から孵化させた陸上水槽での仔稚魚飼育には,まだまだたくさんの課題がある.現在最も良い場合でも,孵化してから沖出し稚魚までの生残率は数%程度である.これを改善するには,クロマグロの飼育に適した水槽形状・色の把握,水質,光条件[10,11],通気状況[12]や流れ[13]などの最適飼育環境解明,卵寄生虫[14]やVNNウイルス感染症対策[15],仔稚魚での水槽間移送方法の開発などが必要である.

中間育成

稚魚を生簀に移してから種苗サイズである体重200gから1kgに達するまでの3～5ヶ月間の飼育を中間育成と称するが,この間の生残率も良い場合で60%,悪い場合には全滅に近い.その原因と対策としては特に神経質でスレに弱いクロマグロの沖出し・輸送・ハンドリング方法の開発,沖出し直後から始まるクロマグロ稚魚特有の衝突死対策[10,11,16],住血吸虫などの寄生虫[17],イリドウイルス感染症[15]の対策が特に重要である.また,未解明な点が多いが,良

い沖出し漁場の選定も好適飼育環境で生残率を上げることにつながり重要と考えられる．

養成

種苗から販売サイズまでの養成については，成長促進，肉質改善が課題として挙げられる．また，台風や赤潮対策として，さらに漁場不足の対策として，沖合いで養殖できる生簀など[18]の施設開発も重要である．

餌料・飼料

餌料・飼料については，現在大きな課題となっており，今後の研究開発が望まれる．クロマグロの仔稚魚餌料は原則として，他の養殖魚の場合と同様に，ワムシ類，アルテミア幼生がDHAなどの栄養成分を強化して与えられる．その後はマグロ類の特徴として他の海産魚類の生きた孵化仔魚，イワシ類・イカナゴ類シラス（冷凍されたものを解凍して使用），細かく切断した魚肉と成長に合わせて変えてゆくが，このうちマダイやイシダイ，ハマフエフキなどの生きた孵化仔魚を十分な量で用意するのはかなりの設備，労力，コストが必要である．また，ワムシ類，アルテミア幼生の栄養強化にも他種とは異なる特別な配慮が必要であるとの報告もある．また，今後はこれらの生物餌料，生餌に代わる微粒子飼料の開発も必要であろう．最近稚魚用配合飼料が開発されつつあり[19,20]，これまで生餌給餌での水質悪化のために沖出し前の水槽での飼育密度を$1m^3$当たり数十尾のレベルから数百のレベルへと格段に高めることができるようにもなりつつある．また，自動給餌機の使用により給餌にかかる労力も減った．

中間育成，養成用の飼料は，現時点ではまだ生餌の使用が主流であるが，他種でもそうであったように，今後配合飼料の開発が進められ，生餌に取って代わるであろう．さらには，配合飼料原料である魚粉の代わりとなる他のタンパク源を用いた飼料の開発も急務である．世界の水産物供給が頭打ちになり，一方で水産物消費が増加してゆけば，近い将来飼料原料魚類と食用魚類の競合は避けられないであろう．大豆かすなどの植物性タンパク質や水産物加工残渣を利用した，飼料の低魚粉・無魚粉化はマグロ養殖だけでなく，多くの魚類養殖の課題である．

環境モニタリング・保全

この分野は今後重要性を増す技術として認識される．養殖漁場環境保全は生産者や周辺海域の利用者にとって重要であることはいうまでもなく，海外での例のように継続的な実施が望まれる[21]．近年では消費者も環境に配慮した技術での生産物を意識することが多くなり，このような生産物の認証制度も生まれている[22]．さらに養殖マグロの国外流通を考慮すると，環境に配慮した技術での生産物は，天然資源を用いない人工孵化クロマグロ養殖もそうであるが，流通面で必要な要素を備えたものといえる．したがって，漁場環境のモニタリングや保全技術開発やその実施は，従来のように公的試験機関に頼るのではなく，受益者負担で行われることも十分考えられる．

流通・販売

流通・販売の技術では，基礎となる保存（品質保持）や輸送法などの他に，天然資源を減らさない人工種苗を用い，完全なトレーサビリティを確立させた養殖生産物のブランド創生を図ることが重要である．その市場を開発するマーケティング技術も，現時点では天然種苗を用いる養殖よりもコストが高い人工孵化マグロの事業展開にとっては必須の技術となる．このような面もマグロ養殖テクノロジーとしてきちんと捉えた取り組みが必要である．

国内外での展開・技術移転

このような内容における技術は生産技術ではないが，生産物を効果的に販売し，さらに迅速な産業化を図るものとしては重要である．大学，公立試験機関，民間企業で開発された技術は実用化の段階で国内外に展開され，そこでは技術移転が起こることはよくあることである．大学や公立試験機関にはもともとそのような使命があるし，民間企業でも自社だけの努力で事業の大きな展開を図ることが困難で，他企業，あるいは漁業協同組合などと連携を取ることも多い．このような場合，技術を生み出した側と，その技術を基盤とした産業に協力あるいは技術移転を受けて行う側で，どのような戦略を取ればお互いに利点があるのかを，様々な情報を収集し，個々のケースで組織の性格，漁場の選定や輸送・販売などにかかわる立地条件を吟味し，契約を交わす技術が必要となる．さらに地元自治体や関連企業と連携を図って将来計画を策定，事業実施すること，このような取り組みを行えるような知識と体制をある程度自社で備

えること，そのための従業員教育は重要な技術である．

知的財産の創出と保護

テクノロジーは知的財産として権利化が可能であることが多く，国内・国際特許や登録商標などの取得によってその実施権が保護される．時間，労力，コストをかけて創出した知的財産は当然権利化されるべきである．知財権利化によっては，技術の独占も生まれようが，その弊害は権利化後の運用により解決すべきであろう．特に，これまで日本は長年かけて開発した米や和牛など多くの農産物の品種や技術を十分に保護することなく国外に開放した経緯があり，このことが自国の農業の競争力を削いでいる現状からすれば，マグロの最大の消費国であり，マグロ養殖発祥の地である日本の養殖技術は知財化しその保護を図る対象である．

ところで日本の場合，技術の知財化やその保護は，中小の企業が多い日本の養殖産業では大きな負担であり，行政の積極的な支援策の果たす役割が大きい．技術の知財化とその保護には利益の独占という行政が関与すべきでない面もあるが，産業全体の発展という利点を考えた場合，それらのバランスをとる施策が可能であろう．

世論形成・政策提言

開発した生産技術を実用化し産業として育てるためには，それを社会に認知してもらうための技術も必要である．そのための広報活動としての情報発信の技術，イベントや集会の開催の仕方，メディア対応技術などが必要である．さらに社会教育や生み出した技術での地域振興をうまく図る技術も必要である．これらに加えて，地元自治体，自国政府，外国政府，国際機関への働きかけや施策の提言の方法も技術と捉えて開発する意識をもつことが必要である．このような技術の開発努力は，生産技術実用化では軽視されるべきではない．

2・3 ノウハウ・スキル

人工種苗量産化におけるノウハウ・スキルについては，日本において公的機関，企業，大学などで100年にも及ぶ長い歴史をもって相当の規模で展開されてきた海産魚類増養殖技術開発により集積された知識や考え方，ノウハウの技術的資産と，それによって養成されてきた人的資産がある．これらの日本における技術的・人的資産は世界のどの国も及ばない大きな資産であり，今後日本

の食糧自給の戦略を考えた場合，このような人材が果たす養殖技術開発の役割は非常に重要である．したがって，これらの維持と新たな供給を常に図る必要がある．しかしながら日本では組織的に教育や開発を進める管理技術の充実はなおざりにされてきたきらいがある．これらを解消するために，今後は大学，専門学校などでの水産増養殖分野での人材育成，企業・団体内での教育体制の充実を特に強い意識をもって体系的に実施する必要がある．

§3. 養殖と増殖

クロマグロ人工種苗量産化技術は，冒頭に述べたように日本での技術が最も進んでおり，それは今後自国でのマグロ供給のみならず，輸出産業としての日本のマグロ養殖を支えるものとなる可能性がある．日本の養殖産業においてマグロ類養殖はその一部でしかないが，技術革新が日本で始まったこと，またその海外へのインパクトの強さなどから，今後産業としての成長と発展をうまく図ることができれば，他の養殖業の手本となることもできよう．その意味で大いに注目される技術である．

さらに，日本では人工孵化技術を用いて水産生物の増殖がかなりの部分が公的資金で長年行われてきたが，それは対費用効果の検証の困難さと，生物多様性撹乱の恐れという大きな壁に突き当たっている．しかしながら，人工生産した稚魚・幼魚の放流による増殖は，日本のサケでの成功例をみても対象魚類の供給に大きな役割を果たす場合もあろう．今後，増殖効果検証を可能にする，あるいは増殖による生物多様性撹乱のモニタリングを可能にする遺伝標識技術開発により，問題点の克服がなされる努力が必要である[23]．太平洋クロマグロは，現在のところフィリピン北部から台湾，南西諸島を含む日本列島近海に唯一の産卵場をもつ魚類で，放流した稚魚幼魚は回帰する可能性が高く，増殖での人工種苗量産化技術の応用が期待される．

文　献

1) Sawada Y, Miyashita S, Murata O, Kumai H. Seedling production and generation succession of the Pacific bluefin tuna, *Thunnus orientalis*. *Mar. Biotechnol*. 2002; 6: S327–S331.

2) Sawada Y, Okada T, Miyashita S, Murata O, Kumai H. Completion of the Pacific bluefin tuna, *Thunnus orientalis*, life cycle under aquaculture conditions. *Aquaculure Res*. 2005; 36: 413–421.

3) Masuma S, Takebe T, Sakakura Y. A review of the broodstock management and larviculture of the Pacific northern bluefin tuna in Japan. *Aquaculture* in press.
4) Margulies D, Suter JM, Hunt SL, Olson RJ, Scholey VP, Wexler JB, Nakazawa A. Spawning and early development of captive yellowfin tuna (*Thunnus albacares*). *Fish. Bull.* 2007; 105: 249-265.
5) Margulies D, Scholey VP, Wexler JB, Olson RJ, Suter JM, Hunt SL. A review of IATTC research on the early life history and reproductive biology of scombrids conducted at the Achotines Laboratory from 1985 to 2005. *Inter-Am. Trop. Tuna Comm., Special Report* 2007, 16, 63 pp.
6) Hutapea JH, Permana IGN, Giri INA. Achievements and bottlenecks for yellowfin tuna, *Thunnus albacares*, propagation at the Gondol Research Institute for Mariculture, Bali, Indonesia. Proceedings of The 2nd Global COE Program Symposium of Kinki University 2009; 34-37.
7) Tokyo Zoological Park Society. http://www.tokyo-zoo.net/topic/topics_detail?kind=news&inst=kasai&link_num=12333
8) Hutchinson W. Southern bluefin tuna (*Thunnus maccoyii*) larval rearing advantages at the South Australian Research and Development Institute and collaborating institutions. Proceedings of The 2nd Global COE Program Symposium of Kinki University 2009; 38-42.
9) Mylonas CC, Bridges C, Gordon H, Rios AB, Garcia A, Gandara FD, Fauvel C, Suquet M, Medina M, Papadaki M, Heinisch G, Metrio G, Corriero A, Vassallo-Aguis R, Guzman JM, Mananos E, Zohar Y. Preparation and administration of gnadotropin-releasing hormone agonist (GnRHa) implants for the artificial control of reproductive maturation in captive-reared Atlantic bluefin tuna (*Thunnus thynnus thynnus*). *Rev. Fish. Sci.* 2007; 15: 183-210.
10) Ishibashi Y, Honryo T, Saida K, Hagiwara A, Miyashita S, Sawada Y, Okada T, Kurata M. Artificial lighting prevents high night-time mortality of juvenile Pacific bluefin tuna, *Thunnus orientalis*, caused by poor scotopic vision. *Aquaculture* 2009; 293: 157-163.
11) 石橋泰典. 中間育成-稚魚期の生残率向上-.「近畿大学プロジェクトクロマグロ完全養殖」(熊井英水, 宮下 盛, 小野征一郎編) 成山堂書店. 2010; 37-59.
12) Tanaka Y, Kumon K, Nishi A, Eba T, Nikaido H, Shiozawa S. Status of the sinking of hatchery-reared larval Pacific bluefin tuna on the bottom of the mass culture tank with different aeration design. *Aquaculture Sci.* 2009; 57: 587-593.
13) 木村伸吾, 中田英昭, Margulies D, Suter JM, Hunt LS. 海洋乱流がキハダマグロの生残に与える影響, 日水誌. 2004; 70: 175-178.
14) Yuasa K, Kamaishi T, Mori K, Hutapea JH, Permana GN, Nakazawa A. Infection by a protozoan endoparasite of the genus Ichthyodinium in embryos and yolk-sac larvae of yellowfin tuna *Thunnus albacores*. *Fish Pathology* 2007; 42: 59-66.
15) Munday B L, Sawada Y, Cribb T, Hayward CJ. Diseases of tunas, *Thunnus* spp. *J. Fish Diseases* 2003; 26: 187-206.
16) Miyashita S, Sawada Y, Hattori N, Nakatsukasa H, Okada T, Murata O, Kumai H. Mortality of northern bluefin tuna (*Thunnus thynnus*) due to trauma caused by collision during early growout culture. *J. World Aquaculture Soc.* 2000; 31: 632-639.
17) Aiken HM, Hayward CJ, Nowak BF. An epizootic and its decline of a blood fluke, *Cardicola forsteri*, in farmed southern bluefin tuna, *Thunnus maccoyii*. *Aquaculture* 2006; 254: 40-45.
18) 高木 力. 養殖施設の最適設計を目指して.「近畿大学プロジェクトクロマグロ完全養殖」(熊井英水, 宮下 盛, 小野征一郎編) 成山堂書店. 2010; 112-128.
19) Biswas B K, Ji S-C, Biswas AK, Seoka M, Kim

Y-S, Kawasaki K, Takii K. Dietary protein and lipid requirements for the Pacific bluefin tuna *Thunnus orientalis* juvenile. *Aquaculture* 2009; 288: 114-119.
20) 滝井健二. クロマグロ用配合飼料の開発.「近畿大学プロジェクトクロマグロ完全養殖」(熊井英水,宮下 盛,小野征一郎編) 成山堂書店. 2010; 60-85.
21) Marine Stewardship Council. Certified sustainable seafood. http://www.msc.org/
22) Loo MGK, Drabsch SL, Eglington YM. Southern bluefin tuna (*Thunnus maccoyii*) aquaculture environmental monitoring program. Summary of results. SARDI Aquatic Sciences Publication 2004; No. RD04/0600.
23) 熊井英水. クロマグロ増養殖の来歴と現状そして将来.「近畿大学プロジェクトクロマグロ完全養殖」(熊井英水・宮下 盛・小野征一郎編) 成山堂書店. 2010; 1-21.

4章 成熟と産卵

升 間 主 計[*1]

　クロマグロに限らず，人工種苗の量産化技術にとって，対象とする魚種から安定的に卵を確保する技術の開発は極めて重要な課題である．実際に，栽培漁業技術開発の歩みの中で多くの魚種において親魚養成による安定採卵のための取り組みが進められてきた[1]．ここで，人工種苗の量産化のための安定採卵とは，毎年確実に産卵が起こり，産卵の期間や産卵日数が比較的長く，高い頻度で産卵が起こること，さらに，十分な量の良質な卵が種苗生産に供給できることを意味する．近年，近畿大学を中心としてクロマグロの種苗生産技術開発が積極的に進められているが，安定採卵に至っていないのが現状である[2,3]．そこで本章では，本種の成熟・産卵に関するこれまでの研究成果を整理し，安定採卵における不安定要因（要素）とは何かを検討することで，人工種苗生産に必要な安定採卵について考える．

§1．これまでの研究

　太平洋に分布するクロマグロ（*Thunnus orientalis*）の繁殖生態に関する研究はこれまで少なかった[4]．しかし，近年台湾東方海域から日本周辺において成熟調査，仔稚魚調査が積極的に行われ，本種の成熟，産卵に関する生態が明らかになってきている[5-7][*2]．

　また，近畿大学水産研究所において生簀網内で5年間養成されたクロマグロが1979年に世界で初めて産卵し，養成クロマグロの成熟と産卵に関する研究が始まった[*3]．その後の養成魚の成熟に関する研究では，養成クロマグロの生殖腺熟度指数（GSI），エストラジオール-17β（E2）の成長，季節的変動に関

[*1] 独立行政法人水産総合研究センター宮津栽培漁業センター
[*2] 石原幸雄．日本近海におけるクロマグロの産卵に関する研究．修士論文，東海大学，1994．
[*3] 原田ら，昭和54年度日本水産学会春季大会講演要旨集，p.85．

して岡田ら*4（1993）が報告した後，GSI の季節的変化について宮下ら[8]の報告までほとんど見当たらず，近年になって Seoka et al.[9]，升間[3]，玄ら*5 の報告がある．また，産卵に関しては原田ら*3，木原ら*6，遠藤[10]，熊井ら*7，宮下ら[8]，升間[3]，Mimori et al.[11] などの報告がある．また，近年，大西洋クロマグロ（Thunnus thynnus）についてホルモン催熟による成熟・産卵に関する研究が報告されている[12,13]．

このように，いくつかの機関，海域において本種の養成魚の成熟に関する研究が進められ，産卵にも成功しているが，養成地や年によって産卵状況は異なり，安定的な産卵（採卵）に至っていないのが実状である．もともとクロマグロの養殖事業は当初高知，和歌山のように近隣で養殖用原魚（ヨコワ）が入手しやすい沿岸域で行われていたが，その後，原魚の長距離輸送が可能となったことで[14]，養殖地が広がり，特に，成長の早い水温環境をもつ奄美，沖縄で積極的にマグロ養殖が進められるようになっていった．このように，第一に養殖に好適な条件を具備する海域で親魚養成が行われていたことから，一部の機関を除いて成熟・産卵を主目的とした取り組みが行われてこなかったことも安定採卵の技術開発が遅れている理由のひとつであろう．また，クロマグロは高価な魚であり，他の養殖魚に比べて一生簀に飼育できる尾数が少ない．このことから，養殖事業を進める中で，十分で適切なサンプル量を得ることは極めて困難であり，十分な研究ができなかったことも本種の成熟・産卵生態が未だに解明，理解が遅れている理由の一つとして挙げられる．

§2. 成熟

天然魚の生殖腺の組織学的調査において南西諸島海域で 5～6 月，日本海で 6～7 月に成熟した個体が観察されている[7]．また，同様な調査から台湾東方海域においては 4 月下旬～6 月中旬に成熟した大型クロマグロが観察されている[5]．

---

*4　岡田ら，平成 5 年度日本水産学会春季大会講演要旨集，p.164.
*5　玄ら，平成 20 年度日本水産学会春季大会講演要旨集，p.238.
*6　木原ら，平成 5 年度日本水産学会春季大会講演要旨集，p.165.
*7　熊井ら，平成 7 年度日本水産学会春季大会講演要旨集，p.60.

宮下ら[8]は和歌山で養成されたクロマグロの5歳魚で，4月に卵黄球期（GSI 1.6）に達した個体を確認し，6月中旬から8月中旬までが産卵期であろうとしている．水産総合研究センター奄美栽培漁業センター（以下，水研センター奄美）における2005年までの調査結果では，大きな卵巣卵をもった個体は6月と9月にのみ確認されたが，卵黄球期に達した卵を1～9月下旬まで維持し，GSIは5～9月に比較的高かった（図4·1）．特に，9月30日に第三次卵黄球期の卵をもつ個体が認められたことから，10月以降の産卵の可能性が示唆された[8]．

本種の天然魚の成熟年齢を3歳とする報告がある[15]．近年，養成3歳での産卵が認められており[16]，養成条件，環境条件などが整えば3歳で産卵を開始するのであろう[17]．一方，奄美大島でのクロマグロの成長は早いものの，成熟が早まることはなく，このことは本種の成熟がサイズに依存しないことを示唆していた[2]．以上のように，養成魚の成熟に関するこれまでの知見は天然魚のそれとほぼ一致している．

天然魚における年齢別の群成熟率（群れの中の雌に占める成熟した雌の割合）についての報告は，著者の知るところでは見当たらないが，5歳以上で100％に達するといわれている．一方，養成魚における群成熟率は低いことが知られている[2,8]．水研センター奄美での観察では，成熟期間中にありながら，5歳以上の個体で，産卵の可能性が高いと思われた個体は6歳魚の1尾のみで，ほとんどの個体は産卵の可能性が低いと思われる卵巣をもっていた．このことは養成魚群の群成熟率が著しく低いことを示唆していた[2]．養成魚での群

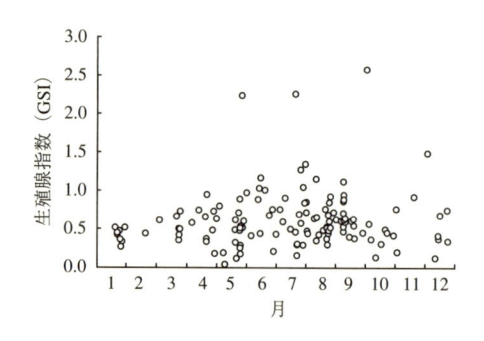

図4·1　水研センター奄美で養成された3歳以上の雌クロマグロの生殖腺指数

成熟率の低い原因については不明であるが，産卵の不安定要因として挙げられる．

§3. 産卵年齢と産卵期間

先述のように天然での初回産卵年齢は3歳以上とされている[15]．養成魚の初回産卵は3～7歳[3,8,16]で確認されており，天然の推定と一致している．南西諸島から日本海における産卵期間は生殖腺の成熟状態，稚魚の耳石日輪から4月下旬～7月上旬と推定されている[5-7]．また，伊藤[18]は日本各地の水揚げ魚から採取した耳石の日輪と0歳魚の体長別漁獲データ（太平洋，東シナ海を含めた日本海）から，ルソン島から台湾，南西諸島，日本海および本州南～南東沖での天然魚の産卵期が3月中旬から12月にわたることを示した．

1997～2005年の水研センター奄美における採卵結果によると5月13日（1997, 2002年）～11月10日（2001年）の間に産卵が確認されている[2]．産卵が認められた月日の1997年から2003年までの旬別の頻度を見ると6月下旬～7月下旬までの間で高く，この間が奄美での産卵盛期と推測される（図4・2）．また，日数頻度が10日以上を示した期間は5月下旬から9月上旬であり，奄美では5月上旬以前に産卵が観察された例はない．これは，天然魚の南西諸島から日本海にわたる産卵期間とほぼ一致する．奄美での産卵が4月以前に認められないのは，水温が産卵を開始する温度に達していないためであろう（後述）．

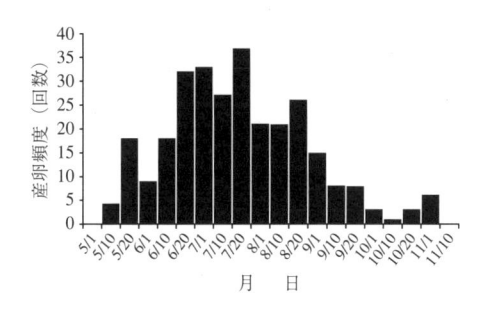

図4・2　1997～2003年に水研センター奄美でクロマグロの産卵が認められた旬別の産卵頻度

§4. 産卵と環境条件

マグロに限らず魚類一般に、成熟（産卵）に及ぼす外的環境要因として、光（日長）と水温の影響が知られている[19]。実際に親魚養成の現場では水温や日長の制御により、産卵を早めたり遅らせたりと通常の産卵期以外の時期に産卵させることに成功している[20,21]。天然稚魚の採集海域の水温（水深0～30 mの平均値）は23.4～25.9℃で、採集された稚魚の多くは24℃以上であったことが報告されている[6]。8月の日本海では表面水温26～28℃で仔魚が採取されている[22]。

本種の産卵においても水温条件が強く影響していると考えられる。奄美において産卵を開始した日の平均水温は約24℃（23.5～27.2）で、特に、産卵開始期の5～6月において、24℃付近への急速な水温上昇が産卵の開始を誘発することが示唆された[23]。また、水温が6月下旬以降まで低く推移する年には産卵しないか、産卵が遅れ不調に終わった[21]。産卵日の水深10 mの水温は23.5～29.6℃であり、30℃近い水温でも産卵が認められたが、水研センター奄美において1997年から2003年の7年間に産卵の多かった水温帯は約25～28℃であった（図4・3）。

日長の影響については明確ではないが、水温ほどの影響は認められなかった[22]。奥澤[24]によると光周期を調節することにより初回成熟（=産卵）を早めたり遅らせたりすることが可能な魚種と光周期に反応しない魚種があるよう

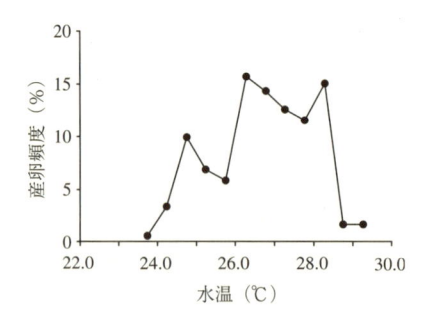

図4・3　1997～2003年に水研センター奄美でクロマグロの産卵が認められた水温の産卵頻度
　　　　各年において産卵頻度が高かった群れの1つをその年の代表例として、7年間の産卵日の水温の0.5℃区間の頻度を元にして求めた。

だ．クロマグロは産卵開始の動因として光周期の影響を受けない魚種に当たるのかもしれない．

クロマグロが水温条件に強く影響されることは，親魚養成（養殖事業の元での産卵も含める）が年による水温変動が大きい海上で広く行われている現状では，安定産卵の不安定要因となる（図4·4）．

§5. 産卵頻度と産卵数

産卵頻度は平均産卵間隔として推定される[4]．上柳[25]は天然クロマグロの産卵間隔を6日前後と推定した．Chen $et\ al.$[5]は2.5～4.5日と推定した．いずれの推定でも連日産卵の証拠を得ていない．升間ら[26]は，採卵した卵のmtDNAの高度可変領域をPCR法によって増幅，制限酵素処理による多型解析を行い，個体ごとの産卵間隔と産卵期間について推測し，次の点を明らかにした．まず，産卵を開始した雌は，その後の適環境下においては毎年産卵する．また，2001年の産卵例で5月下旬から11月上旬までの間に連日産卵を断続的に継続する個体がいることを示し，天然で得られなかった連日産卵の証拠を得た．しかし，個体により産卵のパターンが異なることも明らかにした．さらに，1産卵群中の約10尾が産卵に関与し，産卵に加わらない雌が約17尾と比較的多い

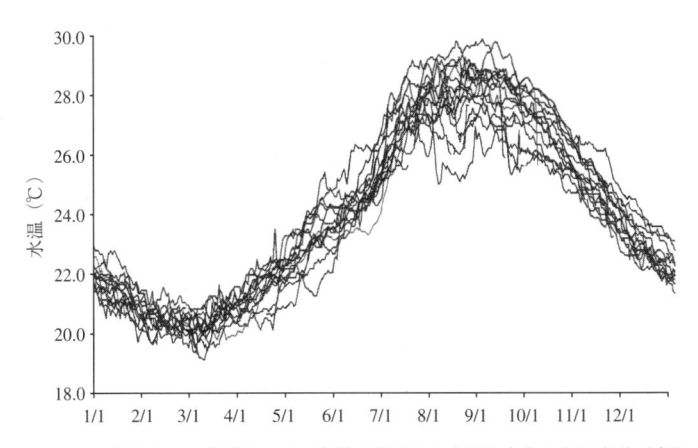

図4·4　1995～2009年において水研センター奄美で観測した水温の大きな年間変動（水深10 mでの測定値）

ことも示した.

　本種の1シーズン中の産卵数に関する天然での知見は見当たらない[4]. 本種のような多回産卵魚は1産卵シーズンに何回も産卵を繰り返すことから，天然魚の卵巣組織の観察からは推定できない[4]. 一方，最終成熟段階にある卵巣卵数からバッチ産卵数の推定が行われ，石原[*2]は体重1 kg 当たり約8～15万と推定している. また，Chen et al.[5]は尾叉長約200～240 cm の大型クロマグロを調べ，尾叉長とバッチ産卵数との関係を明らかにした. Chen et al.[5]の回帰式によると尾叉長200 cm（推定体重約150 kg：Shimose et al.[27]の尾叉長－体重の関係式より推定）で約1,380万粒（石原：1,200～2,250万粒），240 cm（推定体重250 kg）で約2,690万粒（石原：2,000～3,750万粒）となる.

　升間は mtDNA を用いて，2002年の9歳魚の雌1尾，1回の産卵から得られた採卵数を224～1,519万粒と推定し（未発表），海上での採卵であることから，流失，食害[2]などにより実際に産卵した卵の一部（卵の回収効率は約40%，未発表）しか採卵できていないことを勘案し，体重約330 kg（養成9歳での推定平均体重）で最大のバッチ産卵数が3,000万粒以上（約9万粒／kg 体重以上）に達することを推測した. したがって，1シーズンの産卵数は最大で1億粒以上と推定されるが，個体により産卵数，産卵回数に大きな差が認められる（升間，未発表）.

　以上のように産卵頻度，1シーズン中の産卵回数および産卵数が個体によって異なり，さらに群中の産卵にかかわる雌の数が少ないことが明らかとなったが，その原因については不明のままであり，安定採卵の不安定要因と考えられる.

§6. 安定採卵技術に向けた課題

　最後に安定採卵を実現するために向かうべき課題について整理した（図4・5）. 先述したように，養殖事業の延長上に親魚の養成があったため，産卵適地として養成場所を選定したケースは少ない. したがって，この場合は「やってみなければ産卵するかどうかわからない」型のアプローチであり，今後は養成場所での環境，養成魚の成熟状態，さらにその相互の関係を十分に調べておく必要がある. その上で，産卵適地として必要な環境条件を明らかにし，養成地

不安定要因は…	➡	安定産卵には…
養殖適地が養成場所 （not 産卵適地）	➡	・養成場所に適した採卵方法の確立 　（親魚養成型採卵） ・適切かつ安定した水温環境 ・環境 VS. 成熟，産卵メカニズムの解明 ・成熟 VS. 産卵適地の解明
高い維持経費・大きな施設	➡	・養成事業（2〜3歳魚）の利用と供給 ・卵供給基地の設置と共同利用 ・若齢（2〜3歳）採卵技術の開発
環境依存型	➡	・環境制御による陸上水槽での採卵 ・産卵優良家系・系統の作出 ・借り腹技術の開発
個体差（低成熟・産卵率） （産卵，産卵数，頻度，期間等）	➡	・個体差の原因解明と技術開発 ・ホルモン等での催熟技術の開発 ・長期（5歳以上）養成 ・養殖事業（2〜3歳魚）の利用と供給

国・研究機関・企業間の連携の強化

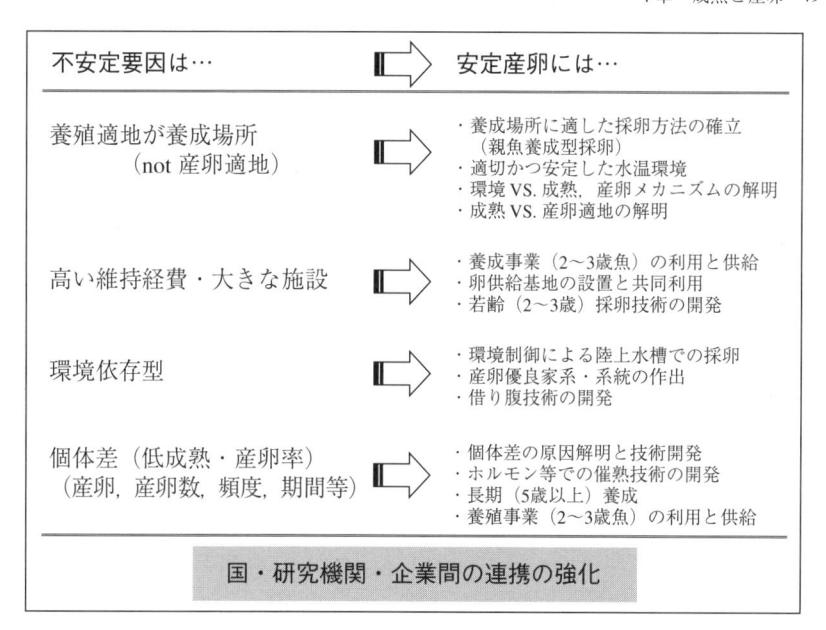

図4·5　クロマグロの安定採卵に向けた不安定要因に対して今後取り組むべき課題

を決める必要がある．しかし，未解明な現状において国内の産卵状況を俯瞰すると，これまでに3歳魚での産卵が認められていない海域において5歳魚以上での産卵が確認されている．このことは，少なくとも先述した成熟期間に産卵が可能となる24，25℃の水温が得られる海域においては，5歳魚以上まで養成することで産卵の可能性が高まる．したがって，困難とコストを伴うが長期間の親魚養成は産卵可能な海域範囲を広げることを可能とし，安定採卵への一つの手段となりうる．

　親魚養成には高い維持費と施設が必要であり，経費の削減は重要な課題である．そこで，卵が比較的安定して確保可能な場所に卵供給基地を設置し，各機関へ卵を供給する体制を作ることは，日本全体での安定供給を実現する．また，大規模な養殖場において，3歳に達した夏（6〜8月）に産卵が認められている．このような養殖魚を利用した採卵が，もっとも安価に卵を確保する方法であり，安定採卵に向かう一つの方法のように思われる．今後，養殖場間の連携により受精卵の相互供給体制を作り上げるべきではないだろうか．

現状の環境依存型採卵では，産卵時期の極端な低水温は産卵に大きく影響する．そのために，人為的に環境制御が可能な陸上水槽[10]での取り組みが期待される．陸上水槽での養成が実現されれば，これまでに明らかになった産卵に関する水温条件を基に安定採卵の確保が可能となるとともに産卵期の制御（早期採卵）も可能となるだろう．さらに，小型水槽でも飼育可能なサバやカツオ類にクロマグロの配偶子を作らせて産卵させる借り腹技術[28]も環境制御の面から将来の安定採卵に重要な技術であると考える．

環境と同様に産卵の不安定要因として，産卵群の中の産卵可能な雌の割合が低いことを挙げた．ある親魚養成例では，5～8歳魚の雌26尾（推定値）のうち産卵雌は6尾であったが産卵は主に特定の1尾の雌によって行われていた（升間，未発表）．このような雌が死亡すると毎年の産卵も危ぶまれる．当面は飼育尾数を増大させることで，低い割合の群成熟率をカバーし，産卵雌の数を確保することができるだろう．また，3歳魚に比べて5歳魚以上に達すると産卵期間が長く，再産卵の可能性が高まることから，先述したように長期養成も安定採卵のための一つの方法かもしれない．しかし，産卵に関する個体差を引き起こす原因については早急な究明が期待され，群成熟率を高める飼育技術の高度化が必要である．地中海[12,13]での大西洋クロマグロやミナミマグロで成功しているホルモンによる催熟技術の開発も安定採卵に向けた重要な課題である．この場合には，養成しているクロマグロへのホルモン投与法の技術開発がポイントとなる．

今後，安定採卵を目指すために，これまでに述べた課題への取り組みを積極的に進める一方で，日本全体として卵の供給体制を構築するために，より一層の国，研究機関および企業間の連携の強化が必要である．

文 献

1) 虫明敬一, 本藤 靖, 崎山一孝, 浜田和久, 堀田卓朗, 吉田一範. 日本栽培漁業協会における親魚養成技術開発の現状と今後の課題. 栽培技研 2003; 30: 79-100.
2) 宮下 盛. クロマグロの種苗生産に関する研究. 博士論文, 近畿大学. 2001.
3) 升間主計. クロマグロ・キハダの親魚養成と産卵生態に関する研究. 博士論文, 九州大学, 2006.
4) Schaefer KM. Reproductive biology of tuna. In: Block BA, Stevens ED (eds). *Tuna: Physiology, Ecology, and Evolution*. Academic Press. 2001;

225-271.
5) Chen KS, Crone P, Hsu CC. Reproductive biology of female Pacific bluefin tuna *Thunnus orientalis* from south-western North Pacific Ocean. *Fish. Sci.* 2006; 72: 985-994.
6) Tanaka Y, Mohri M, Yamada H. Distribution, growth and hatch date of juvenile Pacific bluefin tuna *Thunnus orientalis* in the coastal area of the Sea of Japan. *Fish. Sci.* 2007; 73: 534-542.
7) Yamazaki I, Doi W, Oshima K, Tanabe T. Research activities for biology on reproduction, ageing, growth and recruitment monitoring of Pacific bluefin tuna by NRIFSF, Fisheries Research Agency of Japan. ISC/10-1/PBFWG/10. 2010; 9pp.
8) 宮下 盛, 村田 修, 澤田好史, 岡田貴彦, 久保喜計, 大石 大, 瀬岡 学, 熊井英水. 養成クロマグロの成熟と産卵. 水産増殖 2000; 48: 475-488.
9) Seoka M, Kato K, Kubo T, Mukai Y, Sakamoto W, Kumai H, Murata O. Gonadal maturation of Pacific bluefin tuna *Thunnus orienalis* in captivity. *Aquacult. Sci.* 2007; 55: 289-292.
10) 遠藤文則. クロマグロ種苗生産における現状―総説―. 水産増殖 1995; 43: 263-267.
11) Mimori R, Tada S, Arai H. Overview of husbandry and spawning of Bluefin tuna in the aquarium at Tokyo Sea Life Park. Proceeding of 7th International Aquarium Congress, Shanghai, China 2008; 130-136.
12) Mylonas C, Bridges C, Gordin H, Belmonte Rios A, Garcia A, De la Gndara F, Fauvel C, Suquet M, Medina A, Papadaki M, Heinisch G, De Metrio G, Gorriero A, Vassallo-Agius R, Guzman J M, Mananos E, Zohar Y. Preparation and administration of gonadotropin-releasing hormone agonist (GnRHa) implants for the artificial control of reproductive maturation in captive-reared Atlantic bluefin tuna (*Thunnus thynnus*). *Rev. Fish. Sci.* 2007; 15: 183-210.
13) Corriero A, Medina A, Mylonas CC, Abascal FJ, Deflorio M, Aragon L, Bridges CR, Santamaria N, Heinisch G, Vassallo-Agius R, Belmonte A, Fauvel C, Garcia A, Gordin H, De Metrio G. Histological study of th effects of treatment with gnadotropin-releasing hormone agonist (GnRHa) on the reproductive maturation of captive-reared Atlantic bluefin tuna (*Thunnus thynnus* L.). *Aquacult. Sci.* 2007; 272: 675-686.
14) 升間主計. 水産総合研究センター (旧日本栽培漁業協会) によるクロマグロ栽培漁業技術の開発. 水産技術 2008; 1: 21-36.
15) 中村広司. マグロ・カジキ. 海洋の科学. 1943; 3: 19-33. figs. 1〜6.
16) Masuma S, Miyashita S, Yamamoto H, Kumai H. Status of bluefin tuna farming, broodstock management, breeding and fingerling production in Japan. *Rev. Fish. Sci.* 2008; 16: 411-416.
17) Hirota H, Morita M. An instance of the maturation of 3 full year old bluefin tuna cultured in the floating net. *Nippon Suisan Gakkaishi* 1976; 42: 939.
18) 伊藤智幸. 耳石日輪と0歳魚の体長別漁獲データから推定したクロマグロの産卵期別資源寄与率. 日本水産学会誌 2009; 75: 412-418.
19) 清水昭男. 魚類の生殖周期と水温環境等条件との関係. 水研センター研報 2006; 別冊第4号: 1-12.
20) 神保忠雄, 手塚信弘, 小磯雅彦, 鶴巻克己, 升間主計. 水温と光周期調整によるイシダイの産卵制御. 水産増殖 2002; 50: 189-196.
21) 浜田和久, 虫明敬一. 日長および水温条件の制御によるブリの12月産卵. 日本水産学会誌 2006; 72: 186-192.
22) 北河泰之, 西川康夫, 久保田 正, 沖山宗雄. 1984年夏季の日本海におけるサバ科魚類を中心とした魚類プランクトンの分布. 水産海洋研究 1995; 59: 107-114.
23) 升間主計, 手塚信弘, 小磯雅彦, 神保忠雄, 武部孝行, 山崎英樹, 尾花博幸, 井出健太郎, 二階堂英城, 今泉 均. 養成クロマグロの産卵に及ぼす水温の影響. 水研センター研報 2006; 別冊第4号: 157-171.

24) 奥澤公一. 魚類の初回成熟. 水研センター研報. 2006; 別冊第4号 :75-85.
25) 上柳昭治. マグロ類の産卵, 初期生態. 海洋 1994; 26: 534-538.
26) 升間主計, 手塚信弘, 尾花博幸, 鈴木伸明, 野原健司, 張 成年. ミトコンドリアDNA分析から推定した養成クロマグロの産卵生態. 水研センター報告 2003; 6: 8-14.
27) Shimose T, Tanabe T, Chen KS, Hsu CC. Age determination and growth of Pacific bluefin tuna, *Thunnus orientalis*, off Japan and Taiwan. *Fish. Sci.* 2009; 100: 134-139.
28) Okutsu T, Yano A, Nagasawa K, Shikina S, Kobayuashi T, Takeuchi Y, Yoshizaki G. Manipulation of fish germ cell: Visualization, Cryopreservation and Transplantation. *J. Reprod. Dev.* 2006; 52: 685-693.

5章　種苗生産技術

石 橋 泰 典*

　太平洋クロマグロ（*Thunnus orientalis*）の種苗生産技術は，1979 年に近畿大学水産研究所で養成[1]された親魚が自然産卵したことを皮切りに，様々な研究機関で長い年月をかけて改良されてきた[2,3]．2002 年には近畿大学水産研究所で完全養殖が成し遂げられたが[4]，一般的な養殖種苗の卵から幼魚までの生残率が数十％であるのに対し，それが達成される前の生残率は 1％に遠く及ばなかった[3,4]．この原因は，およそ 8 日齢までの浮上死および沈降死の初期減耗，10 日齢以降の共食いあるいは攻撃行動による減耗，30 日齢以降の衝突死など，様々な問題が発生するためである．また，30 日齢付近には衝突死を減らすために陸上の水槽から海上の生簀へ移動する「沖出し」が必要になるが，その際や遠方への輸送過程では皮膚損傷，いわゆる「スレ」が発生し，大きな被害を受けることがあった．さらに，沖出し直後には原因不明の大量死が毎回発生していた[4-6]．

　太平洋クロマグロ人工種苗の産業的な量産化を実現するためには，発育段階ごとにみると 3 点[3]，課題ごとにみると 5～6 点の問題を解決する必要がある[5]．これらの防止法の多くは，現在でもまだ開発途上であるが，近年は各種問題に対する様々な対策が見出され，種苗の産業的な量産化技術が急速に改善されつつある．太平洋クロマグロの養殖では，一般に全長 300 mm 程度の幼魚「ヨコワ」を種苗として用いるが，本章では，仔魚から幼魚までにみられる人工種苗の初期減耗，共食い，衝突死，皮膚損傷および輸送直後の大量死などの 5～6 点の問題に取り組み，それらの原因とこれまでに開発された対策を中心に紹介する．

---

* 近畿大学農学部

§1. 初期飼育
1・1 飼育方法

太平洋クロマグロの卵は,23℃では受精の約38時間後に,25℃では約29時間後に孵化する[3]. 孵化直後仔魚の平均全長は2.8 mm前後であり,摂餌開始期の3日齢で4.0 mm前後になる. 仔魚の成長は,飼育水温と餌の種類,摂取量などで大きく異なるが,26～27℃でn3-HUFAが十分に栄養強化されたS型ワムシを与えた場合,8～10日齢付近には全長6～8 mmの脊索屈曲期に達する. その後はアルテミアも与えるが,イシダイ,マダイ,ハマフエフキなどの孵化仔魚の給与によって仔魚は急速に成長し,18～20日齢付近に全長20 mm前後の稚魚になる. 全長20～40 mm前後までの稚魚期の初期には,孵化仔魚を与えながら,冷凍イカナゴシラスなどを薄く切った生餌への移行が行われる. 2009年頃からは,次章の配合飼料が自動給餌機を用いて実用的に利用できるようになったため,冷凍生餌の調製や給餌の労力がかなり軽減された. 全長50 mm以降に海上生簀へ沖出しされることが多いが,全長40 mm前後までの陸上水槽における初期飼育では,浮上死,沈降死,共食いに関する大量死などが生産上の主要な問題である.

1・2 浮上死

太平洋クロマグロ仔魚の浮上死は主に1～4日齢に多く観察され,2～3日齢に最も発生しやすい. その現象は,仔魚が表面張力で水面に捕捉され,自身の遊泳力では離脱できないために起きると考えられている. 浮上死を引き起こす原因には様々なものが挙げられ,1～4日齢の仔魚の体比重が海水比重よりわずかに重い程度で浮上しやすいこと[7,8],水面に捕捉された後に粘液を分泌すること[9]などが推測されている. また,仔魚は2日齢の夜から3日齢にかけて開口し,3日齢の夜までに多くの仔魚が鰾を開腔するが[8],空気の取り込み時に水面に接触することが原因の一つと考えられる. さらに,産卵場や親魚群が異なる受精卵を同条件で収容しても浮上死率が異なることも多く,卵質の低下が原因の一つと考えられる.

浮上死を誘発する飼育上の要因としては,ハタ類[10-14]と同様に,水槽の表面積／容積比,通気による上向き水流や気泡,照度,飼育水の油膜除去などが挙げられ,仔魚の水面や空気層への接触頻度が増加しやすい環境で発生率が高

い．実際に形状が異なる様々な水槽に孵化仔魚を収容したところ，空気と接触する表面積が大きい水槽では 1～2 日齢の開口前に浮上死が増加した．一方，表面積が小さい水槽では，浮上死率が顕著に低いものの，開口後の 3 日齢以降には増加する傾向がみられた．開口前の浮上死は表層への物理的な輸送で誘発され，開口後には上述の開鰾時に発生しやすいのであろう（石橋ら，未発表）．光環境条件の違いでも浮上死率が異なる場合があり，開口前後の飼育環境が浮上死の発生に大きく影響する．

対策としては，日中の通気量を少なくして水面への接触頻度を下げること，卵白[10]やフィードオイルを添加して表面張力を下げること，造波装置[13]などの使用が有効とされている．フィードオイルの添加は実用的であるが，空気の取り込みによる開鰾を阻害するため，結果的に夜間における仔魚の体密度が増加して沈降死の発生を助長する．開鰾時には油膜の一時的な除去が必要となり，その実施時期が後の飼育成績を高めるために極めて重要である（倉田ら，未発表）．

1・3 沈降死

太平洋クロマグロ仔魚の沈降死は，主に 3～8 日齢の全長約 5 mm 以下で観察される．沈降現象は，4～8 日齢の開鰾仔魚の体比重が夜間でも海水比重より高いことが主な原因とされている[7,8]．この詳細を調べるため，明暗条件下で仔魚の行動と遊泳速度を赤外線ライトと暗視カメラを用いて測定した．その結果，100 lx 以上の明下では仔魚の遊泳速度が成長に伴って増加するが，0 lx 付近の暗下では，全長 5 mm 以下の仔魚が底面に静止し，断続的な動きを示すことが観察された．しかし，全長 5 mm 以上の仔魚は，暗下でも水中に浮遊，または緩やかな遊泳を行うことが確認された（石橋ら，未発表）．すなわち，沈降死は，遊泳を止めた仔魚が夜間に沈降して静止し，底面との接触や仔魚の凝集による外傷，感染症，酸素不足などを伴って発生すると考えられる．

沈降死は，マグロ類の他にハタ類，ブリ類でも発生し，その対策としては，通気による流動制御や乱流の発生[15]，夜間にだけ強い通気を行う方法，造波装置[13]や，水槽底面からの飼育水噴出で乱流を起こす方法[16,17]などが報告されている．いずれも流動を調節して沈降現象を防ぐものであるが，現状では各種施設の形状に適した流動制御法がそれぞれ使用されている．実際に水槽の底が平

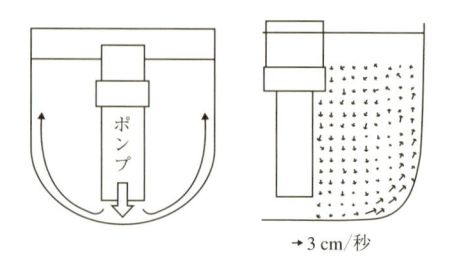

図5・1 水槽形状と水流発生法がクロマグロ仔魚の沈降死に及ぼす影響（石橋，未発表）

面と半球状の小型水槽を用い，流動制御法が通気と水中ポンプで異なる4通りの組合せ試験区を設けて比較した．その結果，半球状の水槽を用い，中央の排水管ネット内に水中ポンプを設置して下向き水流を作った水槽では，底部付近から側壁を経由して表層中央部に向かう循環流が容易に形成され，10日齢までの生残率が顕著に高くなった（図5・1）．この飼育方法では，受精卵を10万尾／m^3程度で収容しても高い生残率が得られるため，初期減耗の発生時期だけ複数の小型水槽（1 m^3程度）で仔魚を高密度生産し，全長5 mm以降に最も状態の良い水槽群を選抜して大型水槽へ広げる方法が望ましいと考える．しかし，小型水槽での高密度生産には様々な課題も残されており，今後の検討が必要である（石橋ら，未発表）．

一方，沈降現象は上述のように暗下で発生するため，明期を長くすることで仔魚の沈降時間が短くなり，沈降死の発生率を軽減することが可能である．適切な電照時間は魚種で異なるようであるが，仔魚の夜間電照はマグロ類を含め，多数の魚種で実施されている[12,18]．夜間電照とともに，仔魚期の初期には，飼育水に緑色の淡水クロレラやナンノクロロプシスが高濃度で添加される．太平洋クロマグロの稚魚は青色と緑色のオプシンを有する二色性色覚であるが[19]，著者らは最近，摂餌開始期の仔魚では，緑色の錐体視細胞のみが発達しており[20]，緑色LED光単独で飼育した方が，赤色や青色のそれよりも摂餌率，生残率などの飼育成績が優れることを観察した（石橋ら，未発表）．植物プランクトンの添加効果と光波長との関係は明らかではないが，1種類の視細胞のみを有する時期には色覚が未発達で，索餌には感度の高い波長光が有利と考えられる．波長を含めた光環境条件の検討は，今後の課題の一つであろう．

表5・1 クロマグロ仔魚の攻撃行動および死亡率に及ぼす各種環境要因の影響（石橋，未発表）

		対照区	大小区	制限給餌区	大小・制限給餌区
攻撃行動頻度*1	累計	1.0 ± 0.2^a	1.0 ± 0.4^a	7.8 ± 1.7^b	7.4 ± 1.7^b
（回／魚／時）	狙い行動*2	1.0 ± 0.2^a	0.8 ± 0.4^a	4.5 ± 0.8^b	3.5 ± 1.0^b
	突進行動*3	0 ± 0	0.2 ± 0.1	2.5 ± 0.7	2.4 ± 0.9
	追回し行動*4	0 ± 0	0 ± 0	0.9 ± 0.3	0.7 ± 0.2
	噛みつき行動*5	0 ± 0	0 ± 0	0 ± 0	0.8 ± 0.4
死亡率（%）	累計	2.0	8.0	2.0	42.0
	大個体*6	—	0	—	0
	中個体*7	2.0	—	2.0	—
	小個体*8	—	16.0	—	84.0

*1 同じ行の異なる文字間に有意差あり（Tukey, n = 3, $p < 0.05$）
攻撃行動：*2 狙い行動：遊泳速度を低下させて標的を見定める行動，*3 突進行動：遊泳速度を急激に増加させて他個体に接触，または襲いかかる行動，*4 追回し行動：他個体をしつこく追いかける行動，*5 噛みつき行動：噛みついて遊泳する行動
実験供試魚：*6 大個体：全長 18.8 ± 1.1mm，体重 62 ± 9 mg，*7 中個体：全長 14.6 ± 0.9mm，体重 31 ± 6 mg，*8 小個体：全長 10.0 ± 0.4mm，体重 9 ± 2 mg. 全長および体重にそれぞれ有意差あり（Steel-Dwass, $p < 0.05$, n = 10〜20）

1・4 共食いや攻撃行動による減耗

太平洋クロマグロ仔稚魚の他個体に対する攻撃行動は，餌の種類，摂餌量，密度などの飼育条件で大きく異なるものの，生産水槽では全長約 7 mm（10 日齢）の脊索屈曲期以降の仔魚で激しくなることが多い．攻撃行動は，全長 30 mm（25 日齢）程度の稚魚でも観察されることから，仔魚期だけでなく，仔魚から稚魚への移行期とその後の発育段階でも発生する現象である[3,5,21]．

仔魚の攻撃方法を詳しくみると，狙い行動，突進行動，追回し行動，噛みつき行動などに区分できる（表5・1）．噛みつき行動は，上顎と下顎で小さい個体の背部，腹部，尾柄部などの両体側面を挟み込むようにくわえるものが多く，くわえたまま遊泳する大きい個体が観察される．その後，大個体は弱った小個体を尾部から同じ姿勢でくわえ込み，そのまま頭部に向かってのみ込む姿なども時折観察される．しかし，完全なのみ込みによる共食いは少なく，カンパチ[22]などと同様に攻撃行動に基づく減耗が多い[21]．

仔魚の共食いに関する減耗の原因を調べるため，摂餌状態と個体の大きさに

限定して行動を観察したところ，攻撃行動は制限給餌要因で顕著に増加するが，大小差の単独要因では増えにくいこと，制限給餌下で大小差要因が加わると著しく増大することがわかった（表5・1）．一方，死亡率は，逆に制限給餌の単独要因ではそれほど増加せず，大小区の小個体で増加する傾向がみられた．さらに，大小・制限給餌区では，小個体のみに大量死がみられ，8時間ほどで全体の84％が死亡した．すなわち，仔魚の攻撃行動は，主に摂餌不足で引き起こされるが，共食いに関する死亡は小個体で発生しやすいこと，水槽内の魚体に大小差が広がった状態で摂餌不足が生じた場合には，攻撃行動と共食いが急激に増加し，小個体が大量へい死することがそれぞれ示唆された．この現象は，同条件で4日間の飼育実験を行った場合にも明確に示され，摂餌不足と大小差の広がりが重なった場合には，小個体の急激な大量死が発生する[21]．

脊索屈曲期以降の仔魚には，ワムシ，アルテミアから孵化仔魚への生物餌料の転換が行われる．早くから孵化仔魚を摂餌した個体は急激に成長するため，この時期は個体の大小差が最も広がりやすい時期である．前述のように，小個体は大個体の攻撃によってダメージを受けやすく（表5・1），この時期にワムシやアルテミアの摂餌だけでエネルギー摂取量の不足が生じると途端に攻撃行動による大量死が発生すると考えられる．著者らは最近，栄養強化が施されていてもアルテミア単独の給与は，仔魚の活力を急激に低下させ，攻撃や共食い行動による減耗を助長することを確認した．さらに，最近，高密度で飼育すると攻撃行動が増加し，小個体の減耗率も高くなることが示唆された（石橋ら，未発表）．

生産フィールドでは古くから実施されているが[4]，共食いの対策としては，孵化仔魚を早期に大量給与することが重要であり，仔稚魚を数量的に残したい場合には選別することも有効である．しかし，孵化仔魚の生産にはかなりの労力と費用を要することから，それに代替できる生物餌料や微粒子配合飼料を開発し，できるだけ早期に摂餌させるための技術開発が急務である．

§2. 中間育成
2・1　飼育方法と大量死

30日齢前後，全長50 mm付近の稚魚は陸上施設で継続飼育されることもあ

るが，海上生簀へ沖出しされることが多い．餌料には，冷凍イカナゴの切り餌が主に使用されていたが，前述のように2009年頃からは配合飼料が本格的に利用できるようになった．しかし，飼料の価格的な問題などが残され，現状では両者，または，どちらか一方が使用されている．

30日齢前後，全長50 mm付近から種苗として出荷される80日齢前後までには，稚魚の衝突や接触に伴う減耗が継続的に発生する．この現象は，与える餌の種類や量，激しい降雨や濁りなどの環境変化，イリドウイルスなどの感染症の発生[4,9]などで大きく増加するが，平常時でもおよそ一定の割合で生じる[21]．この定常的な減耗は，後述の輸送時やその直後の大量死と分けて考える方が理解しやすい．また，定常的な減耗も，魚の遊泳速度や群れ行動が日中と夜間で違い[3,23]，死亡魚の発生する状況や原因が異なるようにもみえるため，両者を区分して考えた方がわかりやすい．

2・2　日中の衝突死

日中の水槽壁への衝突現象は，稚魚の激しい突進遊泳の後に発生し，時折，目撃することができる．生産水槽では30日齢前後から首の折れ曲がった稚魚や体色黒化を伴って弱った魚がみられるようになり，死亡魚の多くに骨折や脱臼が観察される．へい死魚は，前述の大きな環境変化がなければ，主に30日齢から80日齢前後までおよそ定常的に発生するが，その頻度は施設の大きさに応じて少なくなる[3,21]．この原因の1つとして，30日齢付近の稚魚は推進力を担う尾鰭が急激に発達するが，遊泳を制御する胸鰭や腹鰭は十分に発達していないことが報告されている[3]．そこで著者らは，魚が早くから壁面に気がつきやすいように，濃緑色の水槽壁面に白色テープを水玉状または格子状に貼りつけ，無処理の水槽と生残率などを比較した（図5・2）．その結果，壁面模様区の魚の生残率が無処理区のそれよりも高くなる傾向を示し，骨格損傷率およびストレスホルモンである血漿コルチゾル含量は逆に低下した．同様に，生簀でも壁面の網に白色テープを取りつけて壁を認知できるようにし，無処理生簀と比較したところ，模様区の生残率は，高くなる傾向を示した．太平洋クロマグロ稚魚の視精度が，他魚種に比べて低いわけではないが[24]，高速遊泳などで網面の視認率が低くなるのかもしれない．いずれにしても，壁面模様の設置で定常的に発生する衝突死を軽減できることが示唆されている（石橋ら，未発表）．

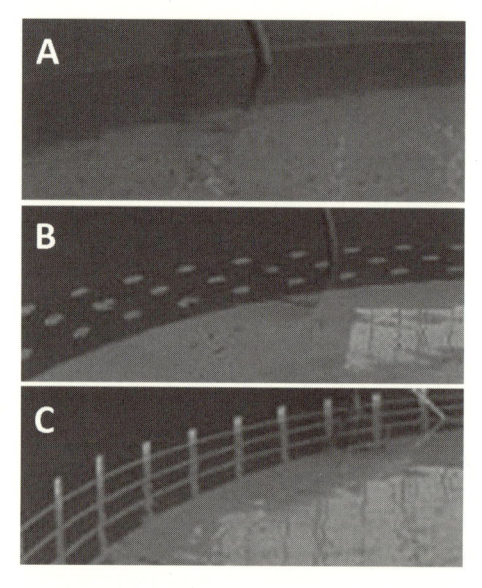

図5・2 水槽の壁面模様
A：無処理水槽，B：水玉模様水槽，C：格子模様水槽．

2・3 夜間の接触・衝突死

　夜間の魚の行動を暗視カメラで観察すると，稚魚や若魚が水槽壁面に接触する様子が度々観察される[6]．また，死亡魚の時刻別発生頻度をみると，稚魚の生産水槽内では日中と夜間で同じようにへい死魚が発生する．さらに，日中と夜間の遊泳速度や群れ行動には違いがみられ[3,23]，死亡原因もそれぞれ異なることが予測される．著者らが，小型水槽を用いて稚魚の生残率などに及ぼす明暗周期の影響を調べたところ，24時間明るくした全明区の魚の生残率は，12時間ごとの明暗区，24時間暗くした全暗区のそれよりも顕著に高くなることがわかった[25]．また，全明条件下における照度の影響を検討した結果，15 lxの低照度になると生残率が著しく低下し，150 lx以上で高い値を示すことがわかった．すなわち，夜間の衝突死は，150 lx以上の照度を24時間保つことで軽減できると考えられた．そこで，30 m³の生産水槽を用い，夜間電照の影響を検討した結果，夜間照度を150 lxの高照度にした魚の生残率は，自然日長条件や15 lx以下の照度区のそれよりも高くなり，生産水槽でも150 lx以上の夜

間電照がおよそ定率で発生する衝突死の軽減に有効であることが確認された[25]．

2・4 壁面模様と夜間電照の相乗効果

日中に有効と考えられる壁面模様と夜間に有効な電照飼育の相乗効果についても検討した．すなわち，無処理水槽を対照とし，上述の格子模様を設置した模様水槽，それに夜間電照を加えた電照模様水槽を設け，魚の生残率などを比較した．その結果，模様設置水槽で生残率が優れ，電照を加えることでさらに改善されることが示された．これらの結果から，日中に有効な壁面模様と夜間に有効な電照飼育の相乗効果が確認され，およそ定常的に発生する衝突死を軽減できることが示唆された[25]．

ところが近年，親魚群，飼育環境，餌の種類や量などが異なる状態では衝突死や生残率にも違いのあることが観察されている．飼料栄養素や感染症など，他の要因と魚の生理的状態が衝突行動などに影響する可能性が高く，その発生原因の詳細と対策については，今後さらに検討する必要がある．

§3. 稚魚の取り扱いと輸送，移動後の飼育管理

太平洋クロマグロの種苗生産過程では，前述の陸上水槽から海上生簀への沖出し直後の数日間に，全体の30〜70％が大量死する現象が10年以上にわたって毎回発生し，その原因の解明と対策の開発が最も重要な課題とされていた．また，稚魚を活魚車で輸送する際や，全長200〜300 mm 程度のヨコワを船舶輸送する際にも大量死が発生し，それらの原因解明と輸送技術の開発が急務であった．

3・1 ハンドリングと皮膚損傷

稚魚の沖出しや輸送の際には皮膚損傷，いわゆる「スレ」が発生して大きな被害を受けることがある．しかし，この発生率は，魚の大きさや取り扱い方法で異なるばかりか，同サイズの稚魚を同様の方法で輸送しても被害の全くないこともある．輸送時には，魚を網で取り上げるハンドリングを行うことから，その影響を詳しく検討した結果，わずか2秒間のハンドリングを2回実施しただけで翌日に半数以上の魚が死ぬ場合のあることが示され，皮膚が非常に弱いことが示唆された（図5・3）．しかし一方で，25日齢付近の稚魚期初期にはハ

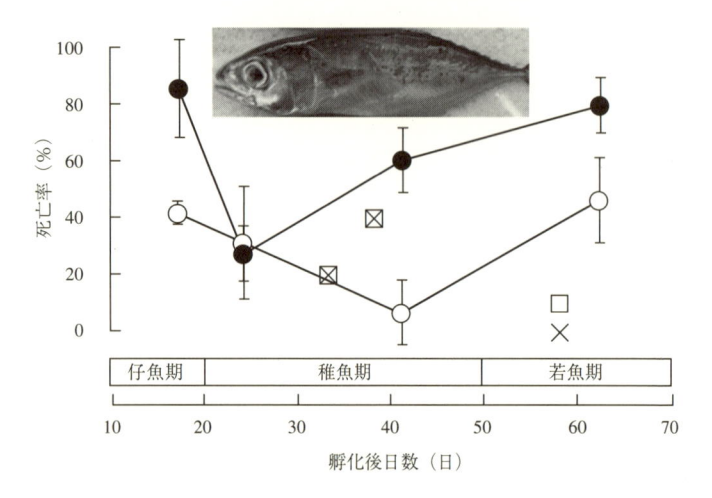

図5・3 仔稚魚の発育に伴うハンドリング耐性の変化
●：2007年，×：2009年．目合い2 mmの網で2秒間のハンドリング後に水槽内で1時間放置し，再び2秒間のハンドリングを行って24時間後の生残率を測定．
○：2007年，□：2009年．釣り，またはボールを使って輸送し，24時間後の生残率を測定．写真は，皮膚の炎症がみられるハンドリング24時間後の死亡魚（石橋，未発表）．

ンドリングの影響がそれほど見られないことも示された．そこで，5秒から2分間のハンドリングを実施して24時間後の生残率の変化を詳細に調べたところ，仔魚期から稚魚期の初期に皮膚が急激に発達して耐性が高まるものの，その後は稚魚の発育に伴って耐性が低下することがわかった．国内の一般的な海産養殖種苗は，強靭な鱗や厚い真皮を保有する魚種が多く，稚魚期の成長に伴って皮膚が急激に発達し，ハンドリング耐性が高まると考えられる．太平洋クロマグロの稚魚は成長速度が速く，皮膚にかかる単位面積当たりの荷重が急激に増加するが，この時期は皮膚がまだ薄くて鱗もそれほど発達していないことなどが耐性低下の原因の一つと考えられる（石橋ら，未発表）．

しかし，2009年に親魚の異なる稚魚を餌料の種類を変えて飼育し，同様の2秒間のハンドリング実験を実施したところ，33〜58日齢の稚魚でもハンドリングの影響はほとんどみられなかった（図5・3）．また，稚魚のハンドリング耐性が発育に伴って低下する傾向は同様ながら，同じ発育段階の稚魚に1分程度のハンドリングを負荷した時の耐性にも実施年度による顕著な違いがみられ

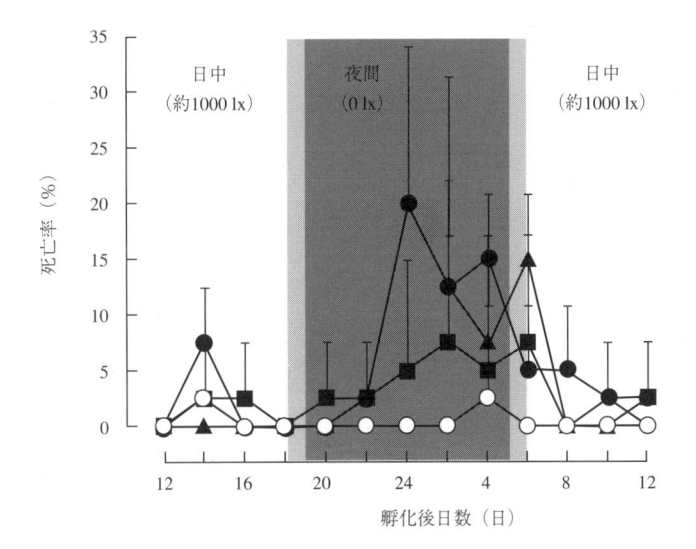

図 5・4 網設置水槽に収容した稚魚の 2 時間ごとの死亡率の変化[6]
○：網を設置しない水槽，●：網設置水槽 1，目合い 155 μm の網を水槽壁面に設置．
▲：網設置水槽 2，同 556 μm，■：網設置水槽 3，同 1572 μm.
24 時間後の累積死亡率（％）は，○：5.0±8.7，●：70.0±12.2，▲：62.5±14.8，■：37.5±30.3 で，網設置水槽はいずれも無設置水槽より有為に高い．

た．餌料，親魚群，飼育環境，感染症の有無などが異なるために判断しがたいが，皮膚損傷については，稚魚の栄養素要求や他の要因との関係を含めて今後さらに詳しく検討する必要がある．

3・2 沖出し直後の大量死と低い暗所視

輸送直後に大量死が起こる状況を把握するため，まず，小型の生簀を使って沖出し直後の魚のへい死状況とストレス状態の変化を調査した．その結果，生簀へ移した当日の魚に大きな変化は見られなかったが，翌朝に半数以上の魚が死に，生き残った魚にはストレスホルモンであるコルチゾル含量が顕著に高くなっていた．すなわち，大量死は夜間から明け方に起こることが示唆された[6]．

次に，大量死の発生状況を詳しく見るため，水槽内に網を設置して魚を収容し，赤外線ライトと暗視カメラで行動の変化を調べた．その結果，稚魚は夜間になってから網へ接触し，異常行動や横転を示して翌朝までにその大半が死亡することが観察された（図 5・4）．すなわち，壁面が網目構造の場合には夜間

図 5·5　視運動反応を利用した可視閾値の測定
　　　アングルで固定された透明水槽内の稚魚は，自らの位置を保つために，外側の縦縞模様水槽の回転に明確な同調遊泳を示す．LED 光源の光子量や波長を変化させ，同調遊泳できる限界光子量を測定して可視閾値とした．白色光に対する魚種ごとの結果を表 5·2 に示す．

に魚が接触し，それによる皮膚損傷（図 5·3：写真），あるいは接触が刺激になって突進遊泳と衝突を招き，大量死を引き起こすと考えられた．
　さらに，この原因を明確にするため，視運動反応（図 5·5）を利用して太平洋クロマグロ稚魚と数種海産稚魚の暗順応下における可視閾値を測定し，暗所視の能力を比較した．その結果，太平洋クロマグロ稚魚の白色光に対する感度が，マダイ，トラフグ，マハタおよびカンパチの主な養殖種苗の 1/40 以下で著しく低いことが示された（表 5·2）．また，青，緑および赤色の単色光でもそれぞれ比較したが，太平洋クロマグロ稚魚の感度はどの波長に対しても他魚種より低く，各波長光に対する感度の偏りから桿体視細胞の感度自体が低いと考えられた[6]．稚魚の暗所視の低さは，成群行動の変化からも推測されており[23]，錐体細胞と桿体細胞を物理的に切り替える網膜運動反応を示す照度が他魚種のそれよりも顕著に高い[26]．このため，暗所視に錐体視が関与する可能性もあるが，いずれにしても稚魚期の初期には，錐体細胞と桿体細胞の両者の感度が低いと考えられる．最近，電気生理学的に太平洋クロマグロ[27,28]，マサバ[29]およびシマアジ[30]の網膜電図を暗順応下で測定したところ，マサバおよび

表 5・2　数種海産稚魚の白色光の可視閾値[6]

	全長 (cm)	白色光の閾値 (log photons/cm^2/s)
クロマグロ	4.2 ± 0.4	11.1 ± 0.2
マハタ	3.5 ± 0.3	8.6 ± 0.5*
カンパチ	3.4 ± 0.2	8.9 ± 0.5*
トラフグ	1.6 ± 0.1	9.6 ± 0.2*
マダイ	3.3 ± 0.3	8.6 ± 0.6*

*　クロマグロの測定値に対する有意差あり ($p < 0.05$, n = 5〜6)

表 5・3　クロマグロ，マサバおよびシマアジにおける暗順応時の網膜電図[27-30]

	分光感度 (最大波長, nm)	光感度*1 log (0.05 I$_{503}$)	時間分解能*2 (0.05FA$_{2Hz}$)
太平洋クロマグロ	479	10.2 ± 0.5^a	18.8 ± 3.3^a
マサバ	482	10.2 ± 0.3^a	28.0 ± 4.1^b
シマアジ	512	9.4 ± 0.3^b	17.4 ± 2.4^a

*1　503 nm の刺激光に対し，魚の網膜が 5% 反応した時の光子量（最大反応値に対する 5% 相当値）
*2　光子量 4.43×10^{11} quanta/cm^2/s の点滅光に対する 5% 反応時の周波数（2Hz の反応値に対する 5% 相当値の周波数）
^{ab}　異なる文字間に有意差有り ($p < 0.05$)

太平洋クロマグロのサバ科魚類の光感度がシマアジに比べて約 1/10 と顕著に低いことが確認できた（表 5・3）．さらに，太平洋クロマグロの夜間の時間分解能は，衝突死を起こさないマサバのそれよりも著しく低いことがわかった．すなわち，太平洋クロマグロの稚魚は夜間の光感度が低い上に，動いているものを見分ける時間分解能が劣るため，夜間に自らが高速で泳ぐと止まっている網などを十分に視認できない，あるいは視認が遅れる可能性が高いと考えられた．一般に，月明かりの照度が 0.01〜0.2 lx，星明かりでは約 0.001 lx とされている．太平洋クロマグロ稚魚の可視閾値を照度に換算すると 0.09 lx 前後であり，時間分解能が低いことから，内湾の生簀のような施設に移され，夜間に曇り空で月明かりが少ない，水が濁る，魚が多少でも速く遊泳するなどの条件下では，網面を十分に視認できずに接触や衝突による大量死を引き起こすのであろう．

3・3 輸送時とその直後の夜間電照

輸送直後の大量死対策として，前述した夜間の電照飼育の影響を検討した．その結果，無処理生簀では翌日までに半数以上の魚が死に，3日目の生残率は20％以下になったが，夜間電照区では翌日の生残率が96％を示し，3日目でも90％前後の高い値を示した（図5・6）．また，無処理生簀の魚が沖出し後に摂餌不良を示したのに対し，夜間電照区のそれは翌日から活発な摂餌を示して成長が優れ，コルチゾル含量の増加なども観察されなかった．さらに，20日後に電照を停止しても死亡魚の増加がほとんどなく，輸送直後の夜間の大量死をかなり軽減できることがわかった．その後の実験で，夜間電照の期間は数日間でも十分であることがわかっている．数日間飼育されたクロマグロ稚魚は新しい遊泳スペースを認識できるようになるため，夜間の電照がなくても衝突を回避できるようになると考えられる．新しい飼育施設に移動した直後の数日間にだけ大量死が発生するのは，このためであろう．

夜間電照や壁面模様は，人工種苗や天然種苗のヨコワを船舶で輸送する際にも顕著な衝突防止効果が確認されている．輸送中やその前後には，わずかな刺激で魚が興奮することも多いが，遊泳スペースが変化しているため，対応できずに衝突するのであろう．輸送を含め，変化の著しい環境下では，施設壁面の視認率を向上させる対策が有効に働くと考えられる．

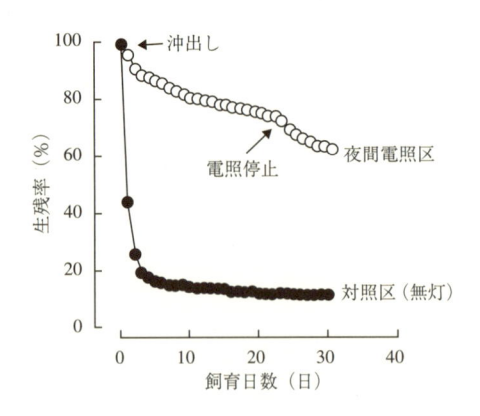

図5・6 沖出し直後の稚魚の生残率に及ぼす夜間電照の効果[6]

以上の大量死と今後の課題をまとめると，まず，浮上死は，フィードオイルの添加で容易に防止できるが，鰾の開腔不全と沈降死の増加を起こすため，開鰾行動時の対応が今後の課題と考えられる．一方，沈降死に対しては，飼育水の流動と光環境の制御が主な対策であり，現状では底面積の大きい既存の大型水槽でより効率的に流動を制御する方法が模索されている．脊索屈曲期以降に発生する攻撃行動や共食いに関する減耗は，ワムシやアルテミアから孵化仔魚への餌料系列の転換期に多くみられるが，その後は孵化仔魚の大量供給などで大きな被害には至っていない[4,5,21]．しかし，孵化仔魚調達のコストと労力が甚大で，それに代わる生物餌料の探索や配合飼料の開発が急がれる．

　稚魚期以降の定常的な接触・衝突死，皮膚損傷，並びに環境変化や移動直後の大量死は，別々の現象として捉えるほうが理解しやすい．しかし，これらの現象は，主に30日齢（全長50 mm）以降に起きるため，太平洋クロマグロの稚魚特有の低い暗所視，遊泳特性，脆弱な皮膚組織などの共通の原因で発生すると考える[6,21]．例えば，日中の定常的な衝突死は，夜間に水槽や生簀の壁面に接触した稚魚が皮膚損傷を受け，その興奮が日中に起きるのかもしれない．また，移動直後の大量死は，前述の低い暗所視が主な原因であるが，夜間の巡航遊泳速度がマサバなどに比べて速いこと[3]や脆弱な皮膚が網への接触によるダメージを大きくすると考えられる．さらに，夜間の定常的な接触・衝突死と移動直後の大量死は，いずれも低い暗所視が主な原因とされるが，移動直後は魚による遊泳スペースの認識が十分でないために被害が大きくなるのだろう．太平洋クロマグロの稚魚に特有な複数の性質が，様々な大量死の現象を起こしていると考える．

　近年，餌の種類とその栄養価，飼育環境，親魚の違い，感染症の有無などによって各種大量死の程度に大きな違いが生じることが観察されている．例えば，生餌の単独給与は，栄養素不足を引き起こす可能性があり，暗所視，遊泳特性，皮膚や骨格の発達などに多大な影響を及ぼし，程度の違いを導くかもしれない．栄養素要求を完全に満たした配合飼料の早期利用，親魚の選抜育種，ウイルス，寄生虫などの病原体の少ない環境で今後の生産効率はさらに改善されるであろう．クロマグロ資源の問題を解決できる日がそれほど遠くないことを期待する．

文 献

1) 原田輝雄, 熊井英水, 水野兼八郎, 村田 修, 中村元二, 宮下 盛, 古谷秀樹. クロマグロ幼魚の飼育について. 近畿大学農学部紀要 1971; 4: 153-156.
2) Kumai H. Present state of bluefin tuna aquaculture in Japan. *Suisanzoshoku* 1997; 45: 293-297.
3) 宮下 盛. クロマグロの種苗生産に関する研究. 近畿大学水産研究所報告 2002; 8: 1-171.
4) Sawada Y, Okada T, Miyashita S, Murata O, Kumai H. Completion of the Pacific bluefin tuna *Thunnus orientalis* (Temminck et Schlegel) life cycle. *Aquacult. Res.* 2005; 36: 413-421.
5) Ishibashi Y, Matsuura R, Suzuki T, Matsumoto T. Environmental physiology of cultivated fish. The 21st century COE program Kinki University "Center of aquaculture science and technology for bluefin Tuna and other cultivated fish" Final report. 2008; 3-14.
6) Ishibashi Y, Honryo T, Saida K, Hagiwara A, Miyashita S, Sawada Y, Okada T, Kurata M. Artificial lighting prevents high night-time mortality of juvenile Pacific bluefin tuna, *Thunnus orientalis*, caused by poor scotopic vision. *Aquaculture* 2009; 293: 157-163.
7) 坂本 亘, 岡本 杏, 上土生起典, 家戸 敬太朗, 村田 修. クロマグロ仔魚の成長に伴う比重変化. 日水誌 2005; 71: 80-82.
8) Takashi T, Kohno H, Sakamoto W, Miyashita S, Murata O, Sawada Y. Diel and ontogenetic body density change in Pacific bluefin tuna, *Thunnus orientalis* (Temminck and Schlegel), larvae. *Aquacult. Res.* 2006; 37: 1172-1179.
9) 澤田好史. クロマグロ.「水産増養殖システム1」(熊井英水編) 恒星社厚生閣. 2005; 173-204.
10) Kaji T, Kodama M, Arai H, Tanaka M, Tagawa M. Prevention of surface death of marine fish larvae by the addition of egg white into rearing water. *Aquaculture* 2003; 224: 313-322.
11) Yamaoka K, Nanbu T, Miyagawa M, Isshiki T, Kusaka A. Water surface tension-related deaths in prelarval red-spotted grouper. *Aquaculture* 2000; 189: 165-176.
12) 土橋靖史, 栗山 功, 黒宮香美, 柏木正章, 吉岡 基. マハタの種苗生産過程における仔魚の活力とその生残に及ぼす水温, 照明およびフィードオイルの影響. 水産増殖 2003; 51: 49-53.
13) Sakakura Y, Shiotani S, Shiozaki M, Hagiwara A. Larval rearing without aeration: a case study of the seven-band grouper *Epinephelus septemfasciatus* using a wave maker. *Fisheries Sci.* 2007; 73: 1199-1201.
14) Ruttanapornvareesakul Y, Sakakura Y, Hagiwara A. Effect of tank proportions on survival of seven-band grouper *Epinephelus septemfasciatus* (Thunberg) and devil stinger *Inimicus japonicus* (Cuvier) larvae. *Aquacult. Res.* 2007; 38: 193-200.
15) Sakakura Y, Shiotani S, Chuda H, Hagiwara A. Improvement of the survival in the seven-band grouper *Epinephelus septemfasciatus* larvae by optimizing aeration and water inlet in the mass-scale rearing tank. *Fisheries Sci.* 2006; 72: 939-947.
16) 木村伸吾, 中田英昭, Marguline D, Suter JM, Hunt SL. 海洋乱流がキハダマグロ仔魚の生残に与える影響. 日水誌 2004; 70: 175-178.
17) Kato Y, Takebe T, Masuma S, Kitagawa T, Kimura S. Turbulence effect on survival and feeding of pacific bluefin tuna *Thunnus orientalis* larvae, on the basis of a rearing experiment. *Fisheries Sci.* 2008; 74: 48-53.
18) 平田喜郎, 浜崎活幸, 今井彰彦, 照屋和久, 岩崎隆志, 浜田和久, 虫明敬一. カンパチ仔魚の生残, 成長, 摂餌および鰾の開腔に及ぼす光周期と水温の影響. 日水誌 2009; 75: 995-1003.
19) Miyazaki T, Kohbara J, Takii K, Ishibashi Y,

Kumai H. Three cone opsin genes and cone cell arrangement in retina of juvenile Pacific bluefin tuna *Thunnus orientalis*. *Fisheries Sci*. 2008; 74: 314-321.

20) Matsuura R, Sawada Y, Ishibashi Y. Development of visual cells in the Pacific bluefin tuna *Thunnus orientalis*. *Fish Physiol. Biochem*. 2010; 36: 391-402.

21) 石橋泰典. 中間育成-稚魚期の生残率向上-.「近畿大学プロジェクト クロマグロ完全養殖」(熊井英水, 宮下 盛, 小野征一郎編) 成山堂書店. 2010; 37-59.

22) Miki T, Nakatsukasa H, Takahashi N, Murata O, Ishibashi Y. Aggressive behaviour and cannibalism in greater amberjack, *Seriola dumerili*: Effects of stocking density, feeding conditions, and size differences. *Aquacult. Res.* in press.

23) Torisawa S, Takagi T, Fukuda H, Ishibashi Y, Sawada Y, Okada T, Miyashita S, Suzuki K, Yamane T. Schooling behaviour and retinomotor response of juvenile Pacific bluefin tuna *Thunnus orientalis* under different light intensities. *J. Fish Biol*. 2007; 71: 411-420.

24) Torisawa S, Takagi T, Ishibashi Y, Sawada Y, Yamane T. Changes in the retinal cone density distribution and the retinal resolution during growth of juvenile Pacific bluefin tuna *Thunnus orientalis*. *Fisheries Sci*. 2007; 73: 1202-1204.

25) 石橋泰典. 種苗生産における衝突死.「クロマグロの初期発育と種苗生産-現状と展望-」(熊井英水, 坂本 亘, 細川秀毅編). 日水誌 2006; 72: 949-950.

26) Masuma S, Kawamura G, Tezuka N, Koiso M, Namba K. Retinomotor responses of juvenile bluefin tuna *Thunnus thynnus*. *Fisheries Sci*. 2001; 67: 228-231.

27) Matsumoto T, Ihara H, Ishida Y, Okada T, Kurata M, Sawada Y, Ishibashi Y. Electroretinographic Analysis of Night Vision in Juvenile Pacific Bluefin Tuna (*Thunnus orientalis*). *Biol. Bull*. 2009; 217: 142-150.

28) Matsumoto T, Okada T, Sawada Y, Ishibashi Y. Changes in the scotopic vision of juvenile Pacific bluefin tuna (*Thunnus orientalis*) with growth. *Fish Physiol. Biochem*. in press.

29) Matsumoto T, Ihara H, Ishida Y, Yamamoto S, Murata O, Ishibashi Y. Spectral sensitivity of juvenile chub mackerel (*Scomber japonicus*) in visible and ultraviolet light. *Fish Physiol. Biochem*. 2010; 36: 63-70.

30) Matsumoto T, Ihara H, Yamamoto S, Murata O, Ishibashi Y. Spectral sensitivity in juvenile striped jack (*Pseudocaranx dentex*). *Aquaculture Sci*. 2009; 57: 211-217.

Ⅲ. クロマグロ養殖技術と安全性・認証

6章　飼餌料

竹内俊郎[*1]・芳賀　穣[*1]・滝井健二[*2]

§1. 初期餌料
1・1　海産仔稚魚用配合飼料の開発の現状

　動物プランクトンに依存した現行の種苗生産方法では，生物餌料の培養の不調や栄養強化の必要性などの問題が多く，早くから微粒子配合飼料の開発が進められてきた．微粒子配合飼料の利点は，飼料原料やその割合を自由に変えられること，比重やサイズの調整なども自由に行えること，餌生物からの病原菌の感染リスクが皆無となることなどがあげられる．これまでに開発された微粒子配合飼料には，皮膜を形成しその内部に必要な栄養素を充填するマイクロカプセル飼料やゼイン，カラギナンなどの粘結剤により原料を吸着・成形するマイクロバインディング飼料，その外側をさらにコーティングしたマイクロコーティング飼料，液体飼料など様々なものが考案されている[1]．各飼料メーカーからも上述のマイクロバインディング飼料に分類される仔稚魚用配合飼料が販売されている．一方，試験レベルでは，各種のマイクロカプセル飼料が作製されており，近年押し出し成形およびマルメライゼーションなどの新技術の応用も図られている[2]．しかし，いずれのタイプの飼料も栄養素の溶出を抑えつつ，消化吸収に優れるという相反する性質が要求されるため，生物餌料の完全な代替に成功した例はほとんどない．筆者らは，上述の方法と異なり，ミルクカゼインを主なペプチド源とし，粘結剤として脂肪酸カルシウムを用いた全く異なる微粒子飼料の開発を行ってきた．同飼料を孵化後3日目から26日目までマダイに単独給餌することにより，50%の生残率が得られることを報告して

[*1] 東京海洋大学海洋科学部（§1.）
[*2] 近畿大学水産研究所（§2.）

いる[1]．また，ヒラメでは孵化後一週間以降から1/3量の生物餌料と併用給餌することで着底稚魚を得ている[3]．本稿では，クロマグロ用微粒子飼料の開発の現状を紹介する．なお，ここでは孵化仔魚を給餌する必要がある体長14～20 mm前後の飼料について述べており，より大型で魚肉ミンチを給餌するサイズのクロマグロ（全長＞25 mm）の飼料開発については滝井の節（§2.）を参照されたい．

1・2 クロマグロ人工種苗生産とその問題点

地中海におけるクロマグロ養殖生産は，漁獲した大西洋クロマグロの天然ヨコワに大きく依存しており，1990年代後半から地中海沿岸での生産が急増した結果，大西洋クロマグロ資源が激減し世界的に資源の回復が期待されている．生産された大西洋クロマグロのほとんどはわが国に輸出・消費されるためわが国はクロマグロ生産および天然資源の枯渇に大きな責任を負っている．大西洋クロマグロの資源が漁獲規制で回復が見込めないほどに減少してしまっている今，クロマグロの人工種苗生産に期待が寄せられている．しかしながら，クロマグロの人工種苗生産では，初期の歩留まりの低いことが最大の問題となっており，沖出しサイズまでの歩留まりは数パーセント止まりである[4,5]．初期の歩留まりが低い最大の原因は浮上死および沈降死である．前者は，水面で空気に接触することなどにより皮膚の粘液が大量に分泌され，表面張力により水面に捕捉されへい死する現象であり，後者は夜間仔魚の遊泳行動が低下し，成長に伴う体比重の増加によって水槽底面に沈降してへい死する現象である[5]．最近の研究により，初期の大量死の原因は主に沈降死であること，沈降死は夜間飼育水槽中の通気量を強めたり，夜間も照明を実施することにより改善できることが明らかになってきた[5]．このような現状を踏まえると，初期の歩留まりが改善された場合，その餌をどこに求めるかが近い将来クロマグロの人工種苗生産を決定付ける現実的な制約となることが予想される．海産魚類の種苗生産では，シオミズツボワムシやアルテミア幼生，配合飼料という餌料系列が用いられている．しかし，強い魚食性を示すクロマグロやサワラなどのサバ科魚類の種苗を生産する際には，孵化仔魚を給餌する必要がある[4]．孵化仔魚としては，クロマグロの生産時期に合わせて継続的に産卵し，産卵量が多い魚種が適している．現在，近畿大学や水産総合研究センター奄美栽培漁業セン

ターでは，イシダイ *Oplegnathus fasciatus* やハマフエフキ *Lethrinus nebulosus* の孵化仔魚が用いられている．しかし，孵化仔魚を給餌するには，クロマグロの生産に加えて，産卵親魚を周年継続して飼育し，水温や光周期を適切に管理して，産卵を図る必要がある．そのため，親魚用の大型水槽が必要であり，受精卵の管理および孵化仔魚の給餌に多大な労力が必要となる．また，孵化仔魚は生餌であるため栄養素の変動があると考えられるだけでなく，孵化仔魚からクロマグロへ感染症が蔓延するリスクも高いことが懸念される．このような理由からクロマグロの生産を安定的に行うためには，孵化仔魚に依存した生産方法を改める必要がある．そこで，孵化仔魚の代替が可能な微粒子配合飼料の開発を行った．

1・3　クロマグロに適した飼料組成の探索および微粒子人工飼料の給餌

まず，クロマグロ仔魚に最適な飼料の化学組成を明らかにするため，現在餌料として用いられているハマフエフキを発育段階に従って受精卵，孵化後1日目の仔魚，および孵化後3日目の仔魚に分け，それらを別々に給餌して，飼育成績を比較することによりどれが最適かを把握することを目指した．そこで，全長14.8 mmのクロマグロ仔魚に上述の3種類の餌料を6日間給餌して，28.0℃で飼育した．その結果，孵化後1日目および3日目の孵化仔魚を給餌した区では，6日目の生残率は25％以上となったが，受精卵を給餌した区では2日目までに全滅し，ハマフエフキ受精卵は，餌料として適さないことが明らかとなった（図6・1）．また，6日目の全長と体重は，孵化後3日目の孵化仔魚を

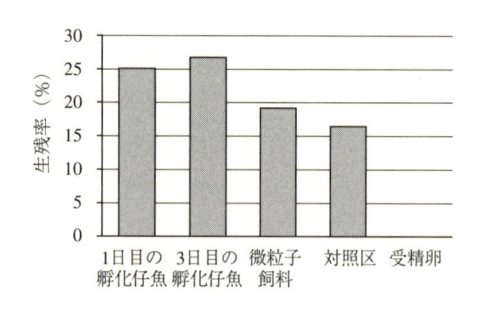

図6・1　ハマフエフキおよび微粒子飼料を給餌したクロマグロの生残率
Haga *et al.*[6] より改変．

給餌したものが最も高かった（図6·2）．クロマグロに限らず多くの海産魚類ではドコサヘキサエン酸（DHA）およびエイコサペンタエン酸（EPA）やタウリンが重要であると考えられているため，孵化仔魚中の化学成分を分析した．孵化後1日目の孵化仔魚では，粗脂肪含量が乾燥重量当たり22％であったのに対し，3日目では15％と低くなり，DHAおよびEPAについても孵化後1日目ではそれぞれ乾燥重量当たり3.9％および0.9％であったのに対し，3日目では2.9％および0.6％と低くなっていた（表6·1，表6·2）．また，遊離アミノ酸含量においても1日目の方が高かった（表6·3）．一方，粗タンパク質含量は孵化後1日目では69％であったが，孵化後3日目では78％と増加していた．さらに，アルギニン，リシン，ロイシン，トレオニンなどの必須アミノ酸やタウリン含量も孵化後3日目で増加していた（表6·1）．以上の結果より，孵化後3日目のハマフエフキ孵化仔魚の有効性はDHAや遊離アミノ酸などよりもタンパク質やその中の必須アミノ酸によると考えられた．また，ヒラメなどの他魚種向けに開発を進めていたカゼインペプチドを主成分とする微粒子飼料

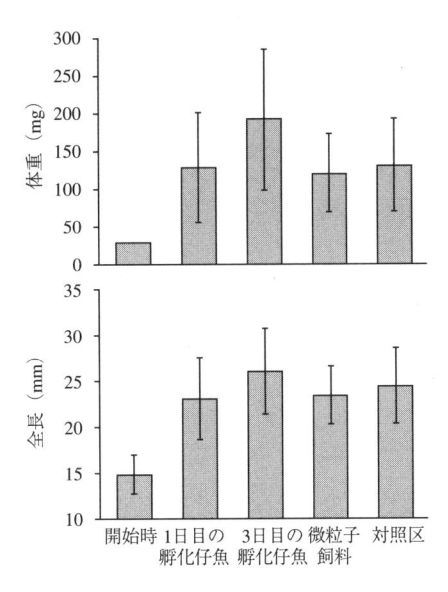

図6·2 ハマフエフキおよび微粒子飼料を給餌したクロマグロの成長
Haga et al.[6] より改変．

表6·1 ハマフエフキの受精卵，孵化仔魚および微粒子飼料の一般組成およびアミノ酸組成（％）

	受精卵	1日目の孵化仔魚	3日目の孵化仔魚	微粒子飼料
水分	93.7	91.5	92.9	6.8
粗タンパク含量[*1]	68.2	68.6	78.1	59.5
粗脂肪含量[*1]	18.4	21.7	14.8	15.4
必須アミノ酸[*1]				
アルギニン	5.1	3.3	4.7	2.5
リシン	6.6	4.0	5.1	4.3
ヒスチジン	1.9	1.5	1.3	2.0
フェニルアラニン	3.6	2.3	2.5	3.1
ロイシン	9.2	4.1	5.0	5.5
イソロイシン	7.2	2.6	3.0	2.9
メチオニン	2.1	1.1	1.6	1.5
バリン	5.4	2.6	3.0	3.4
トレオニン	4.1	2.3	2.8	2.5
トリプトファン	ND[*2]	0.4	0.4	0.6
非必須アミノ酸[*1]				
タウリン	0.6	0.5	0.9	1.2
アラニン	6.7	3.0	3.7	1.9
グリシン	3.0	2.6	3.9	1.2
グルタミン酸	10.7	6.8	8.4	13.9
セリン	5.4	2.2	3.0	3.2
アスパラギン酸	5.7	4.5	5.7	4.2
システイン	ND[*2]	0.3	0.3	0.8
総アミノ酸[*1]	77.5	44.1	55.2	54.7

[*1] 乾燥重量当たり
[*2] 検出限界以下
Haga et al.[6] より改変.

（表6·4）をクロマグロに試験的に給餌した．微粒子配合飼料を給餌試験によって評価する場合，仔魚が給餌した飼料を積極的に接餌し，十分消費することが前提となる．しかし，試験開始までは生物餌料を摂餌していた仔魚を速やかに微粒子配合飼料に餌付けるのは困難である．適切な馴致期間を経て微粒子飼料を用いることにより飼育成績が改善される例がサザンフラウンダー *Paralichthys lethostigma* やヨーロッパヘダイ *Sparus aurata* などで報告されており[2]，魚種ごとの餌付きやすさの違いが飼育成績に反映されることも報告されている[7]．そこで，クロマグロに最適な馴致方法の検討を試みた．馴致期間を

表6・2 餌料中の極性・中性脂質含量および各画分の主な脂肪酸組成（％，乾燥重量当たり）

	受精卵		1日目の孵化仔魚		3日目の孵化仔魚		微粒子飼料	
	中性	極性	中性	極性	中性	極性	中性	極性
粗脂肪含量	9.5	8.9	11.1	10.6	5.3	9.5	11.2	4.2
総飽和脂肪酸	2.8	2.3	3.1	3.6	1.4	1.5	2.6	1.3
総モノエン酸	2.6	2.8	3.6	1.5	1.1	3.6	2.1	0.7
EPA	0.4	0.5	0.4	0.5	0.3	0.3	0.6	0.0
DHA	0.7	2.0	0.8	3.1	0.4	2.5	2.5	0.2
総 n-3 系列の高度不飽和脂肪酸*	1.3	2.7	1.4	3.8	0.8	2.9	3.3	0.2

* 20:4+20:5+22:5+22:6
Haga et al.[6) より改変.

表6・3 ハマフエフキの受精卵，孵化仔魚および微粒子飼料中の遊離アミノ酸（mg/100g，乾燥重量当たり）

	受精卵	1日目の孵化仔魚	3日目の孵化仔魚	微粒子飼料
必須アミノ酸				
アルギニン	1166.5	118.5	42.1	352.1
リシン	1361.0	124.3	61.2	33.0
ヒスチジン	480.1	179.6	183.4	0.1
フェニルアラニン	805.9	437.5	30.6	35.1
ロイシン	2218.7	142.8	55.8	44.0
イソロイシン	1296.4	65.3	50.5	4.9
メチオニン	748.2	214.1	16.8	5.3
バリン	1332.3	100.1	42.3	3.1
トレオニン	723.1	79.9	48.7	1.6
アスパラギン酸	438.2	122.9	11.9	24.2
非必須アミノ酸				
タウリン	588.0	711.4	848.7	1131.2
アラニン	1413.0	214.5	97.4	5.8
グリシン	348.0	119.2	135.7	3.3
グルタミン酸	387.0	501.5	199.4	8.6
セリン	1150.0	146.9	75.8	1.0
アスパラギン酸	131.3	100.2	111.5	5.1
システイン	ND*	ND*	ND*	534.3
総アミノ酸	14587.7	3378.7	2011.8	2192.7

* 検出限界以下
Haga et al.[6) より改変.

表 6・4　微粒子飼料の組成（％）

カゼインペプチド 1	49.0
カゼインペプチド 2	12.2
脂肪酸カルシウム	23.6
L アルギニン	0.4
L シスチン	0.9
タウリン	1.4
ミネラルミックス	2.0
スピルリナ	1.0
α-トコフェロール	0.1
大豆レシチン	5.0
グルテン	2.0
塩化コリン	0.8
アスコルビン酸マグネシウム	0.1
ビタミンミックス	1.5

Haga et al.[6] より改変．

6日間設け，孵化仔魚を微粒子配合飼料と並行して給餌するとともに，その間の孵化仔魚の給餌開始時間を8時，10時，12時と毎日2時間ごとに遅らせて，微粒子配合飼料への馴致を促した．微粒子飼料は，朝6時から午後4時まで2時間ごとに毎回給餌して，クロマグロが頻繁に摂取できるようにした（給餌時間遅延馴致法）（表6・5）．その結果，目視観察で約40％前後の個体が摂餌することが確認された．さらに，微粒子飼料を給餌した後，クロマグロの消化管を顕微鏡下で観察すると，微粒子飼料がクロマグロの消化管中に入っていることが確認された（図6・3）．

1・4　イノシン酸による微粒子飼料の摂餌改善効果

魚の摂餌行動は，餌から受ける刺激によって餌の存在の認識，探索，口腔内への取り込み，摂取からなっている[8]．魚類の臭覚器や味覚器が様々な化学物質に応答するが，特にアミノ酸への応答性が高いことが電気生理学的な手法により20種類以上の魚種について明らかにされている[9]．運動性をもたない人工飼料をクロマグロ仔魚に認識させるためには，摂餌刺激物質を添加して，人工飼料の速やかな認識と摂餌を促すことが有効であると考えられた．Kohbara et al.[10]は，核酸物質であるイノシン酸がクロマグロの旨味受容体を刺激することを報告しており，近畿大学が開発したクロマグロ用配合飼料（滝井の次節参

表6・5 微粒子飼料への給餌時間遅延馴致法

孵化仔魚区

	1日目	2日目	3日目	4日目	5日目	6日目
6：00	●	●	●	●	●	●
8：00	●	●	●	●	●	●
10：00	●	●	●	●	●	●
12：00	●	●	●	●	●	●
14：00	●	●	●	●	●	●
16：00	●	●	●	●	●	●

微粒子飼料区

	1日目	2日目	3日目	4日目	5日目	6日目
6：00	○	○	○	○	○	○
8：00	○●	○	○	○	○	○
10：00	○●	○●	○	○	○	○
12：00	○●	○●	○●	○	○	○
14：00	○●	○●	○●	○●	○	○
16：00	○●	○●	○●	○●	○●	○●

○微粒子飼料の給餌，●は孵化仔魚の給餌を表す．
Haga et al.[6] より改変．

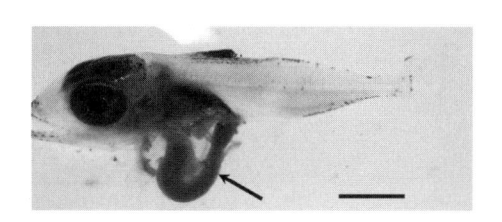

図6・3 微粒子配合飼料を摂餌したクロマグロ
消化管中に飼料が入っている（矢印）．バーは2 mmを示す．

照）にもイノシン酸が配合されている．

　そこで，平均全長13.1〜14.5 mm（孵化後19〜21日齢）のクロマグロ仔魚にイノシン酸一リン酸二ナトリウム（IMP）を3％添加した微粒子飼料とIMPを添加していない微粒子飼料を給餌して2回の実験を行った[11]．飼育期間は12日間とし，飼育水温は28.3〜28.6℃であった．飼育開始から6日目までは馴致期間としてハマフエフキ3日齢魚を併用給餌し，7日目から配合飼料を単独給

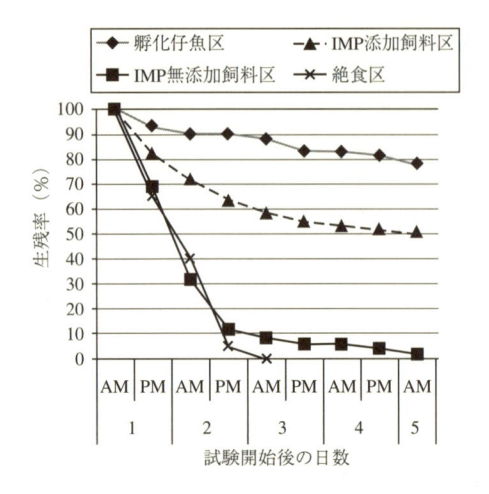

図6・4 種々の餌飼料を給餌したクロマグロの生残率
Haga et al.[11] より改変.

餌した.実験1では馴致期間中IMP添加飼料またはIMP無添加の飼料で各々馴致したが,実験2ではIMPの添加効果がすでに確認されていたため,IMP添加飼料のみで6日間馴致し,胃内容物重量,成長,生残率および体成分を調べた.その結果,2回の実験ともに無給餌区は,試験開始後10日目までに全滅し,IMP無添加飼料を給餌した区では10日目までに全滅するか極めて低い生残率となった(図6・4)[11].一方,IMPを添加した飼料を給餌すると,馴致期間終了時点の生残率を100%とすると約50%となり,クロマグロの生残率を大きく改善できることが明らかとなった.IMPの摂餌誘因効果を定量的に把握するため,胃内容物の重量を測定すると,IMP添加区では,8および12日目のクロマグロの胃の中には一個体当たり約0.1 mg(乾燥重量当たり)の配合飼料が取り込まれていた[11].さらに,IMP添加区では試験開始時(平均全長24.5 mm,体重135 mg)と比較して,終了時では全長および体重が有意に増加しており(全長31.7 mm,体重284.4 mg),微粒子配合飼料を給餌してクロマグロを成長させることに成功した[11].以上の結果から,IMPの添加により仔魚の成長および生残率を著しく改善できることが示唆された.

1・5 泡沫分離装置による水質改善効果

様々なタイプの微粒子飼料が開発されているが，いずれの微粒子配合飼料においても，粒径が小さく飼料全体の体積に占める表面積の割合が大きいため，栄養素の溶出が問題となる．栄養素が溶出すると，仔魚が摂餌したとしても必要な栄養素を十分に吸収できないことになる．さらに，飼料から溶出した栄養素が水質を悪化させる．生物餌料と異なり微粒子飼料を効果的に摂餌させるためには，大幅に給餌頻度を増加させる必要があるため，成分溶出を改善しなければならない．しかし，微粒子飼料給餌時の水質改善法に関する報告は少ない．そこで，閉鎖循環式養殖や活魚輸送などの水質改善に用いられている泡沫分離装置の有効性を検討した[12,13]．試験区は，微粒子配合飼料を給餌し，泡沫分離装置（Pleska社製FF式泡沫分離装置，FS-0025T-S-1）を設置した設置区，泡沫分離装置を設置しない未設置区および孵化仔魚を給餌し泡沫分離装置を設置しない孵化仔魚区の3区を設けた．試験水槽は500 l の黒色円形水槽を各区2水槽設け，6日間の飼育実験を行った．微粒子配合飼料は実験1,2で用いたものと同様のカゼインペプチド飼料を用いたが，溶出成分の除去効果を明確にするため，飼料原料をエクストルーダー処理する際に，リシン，イソロイシン，ヒスチジン，ロイシン，バリン，メチオニン，トレオニン，アラニン，およびトリプトファンを5.4%添加したものを作製した．上述の飼料を平均全長16.3 mmの孵化後21日齢のクロマグロ100尾に1日当たり6～12 g給餌した．試験期間中の換水率は1日当たり300%とし，水温は27.9℃で行った．その結果，6日の生残率は設置区で54%となったが，非設置区では8.1%となった．孵化仔魚区の生残率は，60.5%となり，泡沫分離装置の有効性が示された（図6・5）．飼育期間中微粒子配合飼料の活発な摂餌が認められ，5日目には設置区，非設置区ともに各々25%および14.5%の個体に胃内容物が観察された．飼育水の透明度を目視により観察すると，設置区のほうが明らかに透明度が高く，非設置区では白色の濁りが見られた．非設置区の生残が2日目までに25%以下と急激に減少し，水質悪化による影響が示唆された．以上の結果から，微粒子飼料の給餌時には，泡沫分離装置の設置による水質改善が有効であることが示唆された．水質を維持する方法として，飼育水の換水率を増加させる方法も考えられるが，大規模な生産現場では，取水量などが給水ポンプの汲

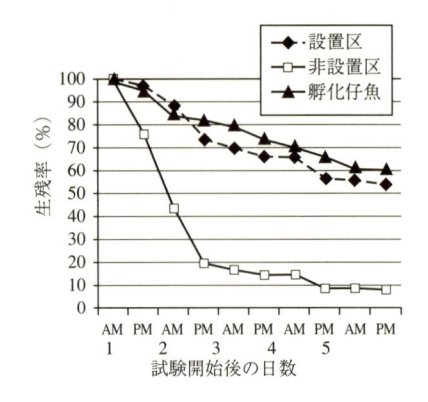

図 6・5 微粒子飼料給餌時のクロマグロの生残に及ぼす泡沫分離装置の効果

水量により規定されるため，一定以上の換水が行えないことがある．また，冬季などの水温が低下する時期に加温した飼育水を十分量供給できない場合にも有効であると考えられた．泡沫分離装置は，糞に由来する細菌の除去にも有効であるという報告もあり[13]，クロマグロなどの高水温で飼育する魚種では，有機物の分解も早いため，水質の改善が疾病の発生リスクを低減することにもつながると期待される．

1・6 今後の展望

クロマグロ用の微粒子飼料の開発は緒についたばかりであるが，これまでに微粒子配合飼料を摂餌させ，短期間ではあるもののクロマグロ仔魚の飼育成績を改善することに成功した．今後長期の試験を行う際には，クロマグロ特有の成長の速さを支えうる良質な栄養素を十分に供給できる飼料を開発できるかが課題となろう．それには，クロマグロ仔魚の栄養要求の解明および飼料の浮力の調節方法などの検討を行う必要がある．また，実用化に向けて自動給餌機の利用も含めた給餌方法の検討も必要であると考える．

§2. 配合飼料

水産庁は 1970 年からマグロ類の資源減少を予期して，クロマグロ養殖企業化試験を立ち上げた[5]．近畿大学水産研究所はそれに賛同・参加したのが引き金になり，これまで 40 年間にわたってクロマグロ養殖科学研究を継続してい

る。なお，本研究所では1995年には世界で初めてクロマグロの種苗生産に，2002年には完全養殖に，そして，2009年には19万尾の稚魚の沖出しに成功した[14]．この量産を可能にした一つの要因として，クロマグロ稚魚用配合飼料の開発がある．ここでは，この稚魚用配合飼料開発の経緯を紹介し，今後の養成用飼料開発の指針としたい．なお開発当初は，クロマグロ仔稚魚の摂餌生態や栄養生理は全く不明で，給餌試験に当たっても試行錯誤の連続であった．完全養殖に成功した2002年以降から，グローバルCOE拠点担当者の数々の成果によって，信頼性の高いデータが得られるようになったが，現在でも，共食いや衝突によるへい死が多く長期間の水槽飼育は難しい．しかし，成長は他の養殖魚種より顕著に速いことから，10～14日間程度の比較的短い期間でも，栄養要求に関して一定の傾向や区間差を得ることが可能である．なお，本節でのクロマグロはすべて太平洋クロマグロを指す．

2・1 仔稚魚期における消化器官重量および消化吸収機能の変化

宮下[4]はクロマグロ仔稚魚期における成長，餌料系列および水温との関係について調べた（図6・6）．孵化から孵化後5日までの水温が通常より2～3℃低かったが，その後は若干の変動がみられるものの，孵化後30日まで26℃前後で推移した．また，期間中は生物餌料として孵化後2・3日よりシオミズツボワムシ Brachionus plicatilis を，10日よりアルテミア幼生 Artemia naupli を，11日よりイシダイ孵化仔魚をそれぞれ給与した．

まず，クロマグロ仔稚魚の全長変化についてみると，孵化から孵化後20日までの仔稚魚期では緩やかに伸長し，20日には10 mmに達した．しかし，成長速度は稚魚期へ移行する20日以降から急激に増し，25日からはさらに加速して30日には全長35 mmに達した．このように，孵化後30日までの仔稚魚期の全長変化に2つの屈曲点が認められた．すなわち，20日までの仔魚期の成長はマダイやブリに類似し，シオミズツボワムシやアルテミア幼生の給餌で要求量をまかなえるが，20日以降からの速い成長に対応するには，イシダイ，マダイ Pagrus major, ハマフエフキなど，栄養価の高い孵化仔魚の給与が必要になる．さらに，25日以降では成長速度がさらに加速するため，細断したイカナゴ Ammodytes personatus を間断なく多量に給与しなければならない．

消化器官の形態変化をみると（図6・6）[4]，孵化後0.5日に肛門が形成され，

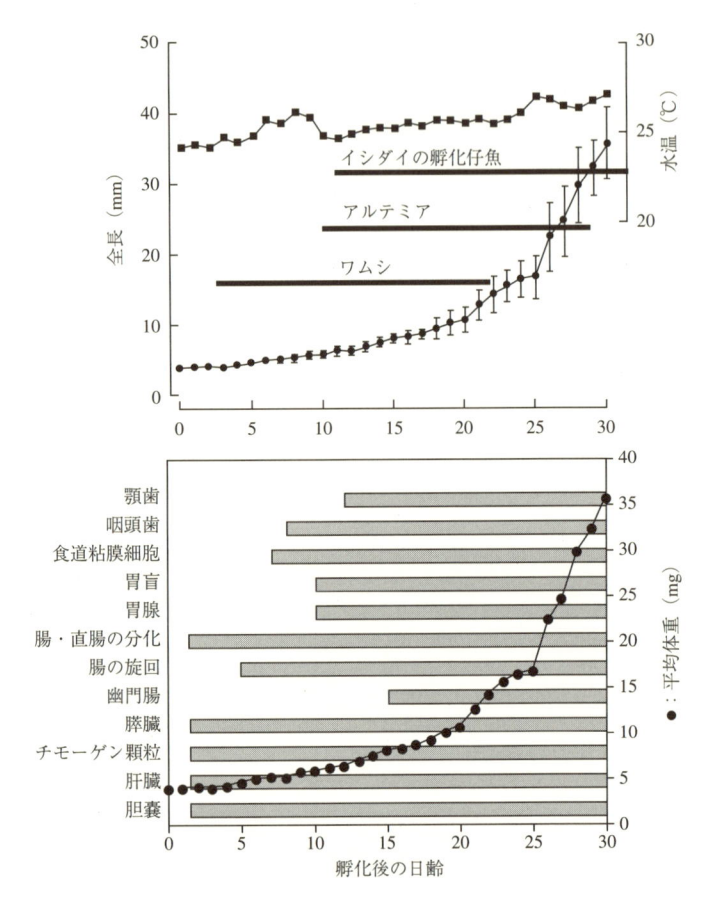

図6・6　クロマグロ仔稚魚期における成長・飼料系列，水温および消化器官の発達

1.5日に開口して肝臓，膵臓および直腸が分化する．孵化後2.5日には消化管内にシオミズツボワムシを確認できる．孵化後10日に胃分化がはじまり，15日には胃内壁全体に胃腺が形成される．また，幽門垂分化は孵化後15日にはじまり，20～25日には大きく肥大する．孵化後20～25日の体重に対する比胃重や腸重値に差異はないが，比幽門垂重値のみが急激に増大する．

　仔稚魚のペプシン様およびトリプシン様酵素活性とアミラーゼ活性の変化を，魚体1尾当たりの全活性で示した（図6・7）[4]．トリプシン様およびペプシ

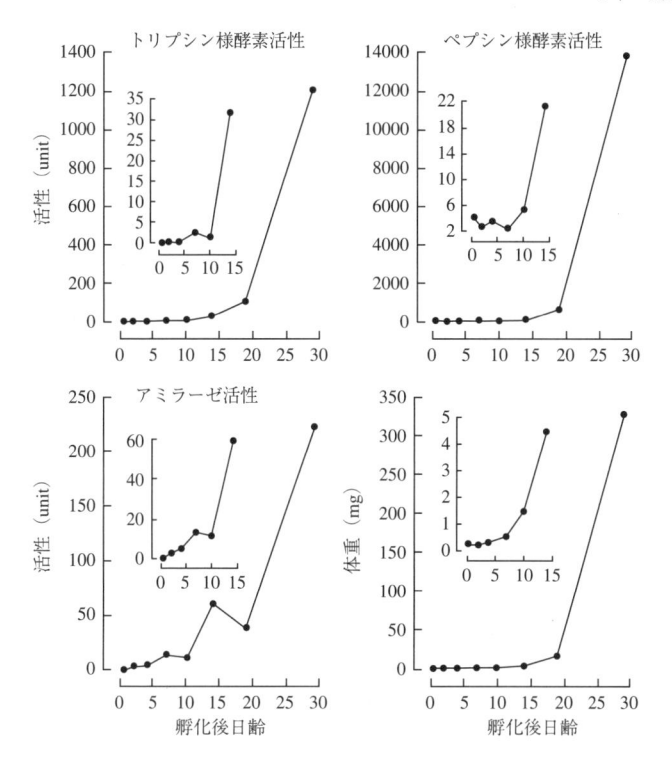

図6·7 クロマグロ仔稚魚期における消化酵素活性の変化

ン様酵素活性は孵化後15日から上昇し，いずれも19〜29日にかけて著増した．一方，アミラーゼ活性はプロテアーゼより低いが，孵化後19日から大きく上昇した．このように，クロマグロ仔稚魚の成長は生物餌料の切り替えや，消化器官の分化・機能化と相互に関連していることがうかがえた．そこで，クロマグロ稚魚用配合飼料の開発には，優れた成長と高い消化吸収能を併せもつ，孵化後25日以降の稚魚を供試することにした．

ちなみに，孵化後40日のクロマグロ稚魚に，イカナゴと魚粉配合飼料を等量ずつ混合したオレゴンタイプのモイストペレット（モイスト）を給与し，みかけの栄養素消化率を測定したところ[15]，タンパク質，脂質およびエネルギー消化率は82〜85％で，比較のために供試した孵化後40日のマサバ *Scomber japonicus* 稚魚の消化率よりいずれも10％程度低かった．クロマグロ稚魚のモ

イスト摂餌量はマサバ稚魚より多く，このことが消化率の違いに関係していた可能性もあるが，クロマグロ稚魚のモイストに対する消化能がマサバ稚魚より劣っていたと考えるのが妥当であろう．イカナゴと魚粉配合飼料の水分含量はそれぞれ80および8%であり，両者を等量ずつ混合したモイストの主成分は魚粉配合飼料である．一方，イカナゴでクロマグロ稚魚を飼育できるので，イカナゴの消化性が劣るとは考えにくく，クロマグロ稚魚はモイストの主成分である魚粉配合飼料，すなわち，魚粉をうまく消化できなかったものと推察された．

2・2 飼料タンパク質，脂質および糖質源と配合割合

先の推察を確認するために，アジ類を原料とするチリ魚粉，アジ類を細断した後に微生物起源のプロテアーゼで処理した酵素処理チリ魚粉（E-チリ魚粉），そして，アンチョビー魚粉をプロテアーゼで処理した酵素処理ペルー魚粉（E-ペルー魚粉）をそれぞれ配合した飼料と，対照のイカナゴ切餌を調製し，平均体重1.5gの稚魚に7日間飽食給与した[16]．終了時の平均体重はイカナゴとE-チリ魚粉飼料区がチリ魚粉とE-ペルー魚粉飼料区より重かった．しかし，摂餌量はE-チリ魚粉飼料区が最も少なく，E-ペルー魚粉・チリ魚粉飼料区およびイカナゴ区の順に増加したので，飼料効率はE-チリ魚粉飼料区で高く，他の飼料およびイカナゴ区では低かった（図6・8）．

一方，Seoka et al.[17]はマスノスケ Oncorhyncus garbuscha 卵の脂質（スジコ脂）を極性および非極性に分画し，それぞれE-チリ魚粉飼料に配合してクロマグ

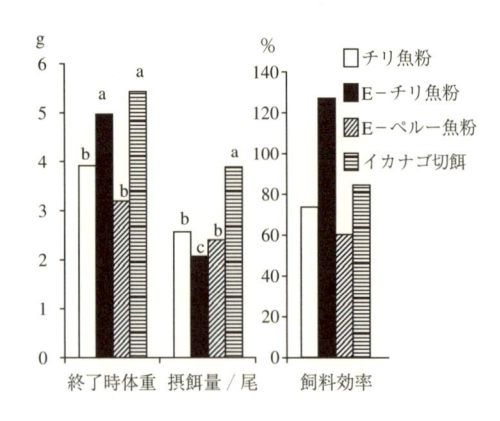

図6・8 飼料魚粉がクロマグロ稚魚の飼育成績に及ぼす影響

ロ仔稚魚を10日間飼育した．極性画分配合区の成長や飼育成績は対照のイシダイ孵化仔魚給与区より劣ったが，飼育成績や全魚体の脂質とDHA含量は，非極性画分配合区および栄養強化アルテミア給餌区より高かった．

クロマグロ稚魚がタンパク質源としてE−チリ魚粉を，脂質源としてスジコ脂の極性画分を要求する理由は，他の養殖魚より成長が極めて速いことに関連するのかもしれない．消化が良く栄養価の高い飼餌料のみが，速い成長を支えることができるのであろう．煮沸・加熱乾燥して調製されるチリ魚粉は，タンパク質が加熱変性して消化性が生餌より低下するし，幽門垂・腸管における脂質の消化吸収は，極性脂質が非極性脂質より優れていると考えられる．

クロマグロは極端な肉食性であることから配合飼料の栄養価はタンパク質と脂質の配合バランスに影響を受けると推察できる．そこで，E−チリ魚粉とスジコ脂の配合割合を相補的に変化させた試験飼料と，対照のイカナゴ切餌を調製し，平均体重1.3 gの稚魚に飽食給与して10日間飼育し，至適な飼料タンパク質と脂質の配合割合を明らかにしようとした[18]．終了時における平均体重と期間中の飼料効率は68％ E−チリ魚粉・8％スジコ脂飼料区が最も優れていた．1尾当たりの摂餌量はイカナゴ区が顕著に多く，終了時に測定した肝臓のアスパルテートアミノトランスフェラーゼとアラニンアミノトランスフェラーゼ活性は，イカナゴ区よりE−チリ魚粉・スジコ脂68・8％，62・12％および56・16％の飼料区で有意に低かった（図6・9）．この飼料区における低いトランス

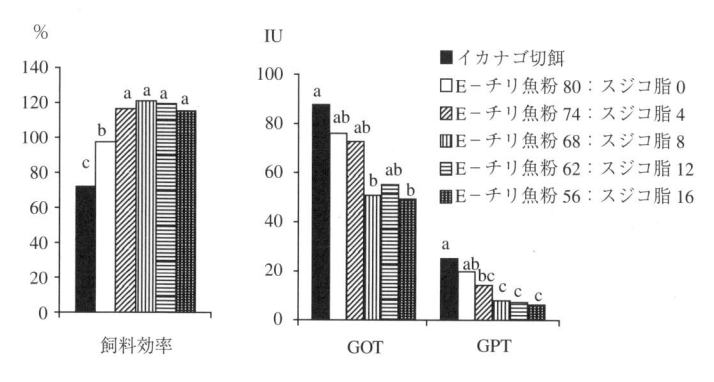

図6・9 飼料タンパク質／脂質がクロマグロ稚魚の飼料効率および肝臓アスパルテートアミノトランスフェラーゼ（GOT）・アラニンアミノトランスフェラーゼ（GPT）活性に及ぼす影響

アミラーゼ酵素活性は,エネルギー源としてアミノ酸の利用が抑制されていることを示唆している.これらの飼育成績や酵素活性から,至適な飼料タンパク質・脂質の配合割合は68% E-チリ魚粉・8%スジコ脂であることが示された.

次いで,飼料の糖質の配合許容量を求めるため,E-チリ魚粉68:スジコ脂8のタンパク・脂質混合物と,糖質源のα-スターチの配合割合を相補的に変化させた試験飼料を,平均体重1.6gの稚魚に1日6回飽食給与して8日間飼育し,至適な飼料タンパク質,脂質および糖質の配合割合を明らかにしようとした[19].試験終了時における平均体重は3%および8% α-スターチ区が重く,α-スターチ配合率が増加すると減少する傾向にあった.1尾当たりの摂餌量に顕著な区間差はなかったが,飼料効率,みかけのタンパク質および脂質蓄積率は,8% α-スターチ区が優れていた.これらの飼育成績から,クロマグロ稚魚配合飼料のE-チリ魚粉,スジコ脂およびα-スターチの好ましい配合割合は,それぞれ63.8,7.5および8%であり,一般成分で示すと粗タンパク質,粗脂質および糖質含量がそれぞれ62,16および13%であった.

ちなみに,試験飼料にはイノシン酸,グルタミン酸およびヒスチジンからなる摂餌促進物質を共通して添加した.Kohbara et al.[10]はクロマグロ味覚の電気生理学的応答について調べ,応答の高かったイノシン酸および数種アミノ酸の閾値は$10^{-7} \sim 10^{-9}$M付近で,ブリのそれらと大きく違わないことを明らかにした.クロマグロ稚魚はとりわけ化学感覚が優れた魚種とはいえない.一方,極端な肉食性であるクロマグロ稚魚も,13%前後の飼料糖質を利用できることが明らかになった.糖質源であるα-スターチは,一般的にバインダーとして飼料に配合されており,クロマグロにとっても利用しやすいと考えられる.クロマグロも必要なグルコースをアミノ酸や脂肪酸から糖新生を介して合成するより,直接,糖質源から得るほうが有利なのであろう[20].

2・3 ビタミンC(VitC)要求性

クロマグロ稚魚の成長は極めて速く,ブリやマダイの2〜10倍であることが報告されている[21].VitCはプロリンやセリンのヒドロキシル化を介してコラーゲン生成に必要であり,速い成長を示すクロマグロのVitC必要性は高いと推察された.そこで,クロマグロのビタミン要求に関する研究の端緒として,まずVitC要求性・量について調べた(未発表).

E-チリ魚粉63.8％，スジコ脂7.5％およびα-スターチ8％を配合した基本飼料に，VitC源としてVitC-2-モノリン酸・Mg塩（APM）を0，400，800，1,200および1,600 ppm添加したAPM0，400，800，1200，1600飼料と，対照のイカナゴ切餌を，平均体重0.27 gの稚魚（孵化後25日）に1日6回飽食給与して14日間飼育した．

APM0区では試験開始後7日より体色黒化，遊泳不活発，食欲不振などのVitC欠乏症がみられ，12日には生残率が30％以下にまで達したので飼育を終了した．一方，イカナゴ区では6日以降の生残率はAPM400〜1600区より低く推移した．なお，各飼料区の試験開始後5日までのへい死は共食いによるもので，主に尾柄部の咬傷に基づいており体躯部分の損失は認められず，6日からは衝突死が頻発した（図6・10）．終了時の平均体重はイカナゴ区が7.1 gと最も重かったが，APM400〜1600区では6.5〜6.9 gでイカナゴ区と有意な区間差はなかった．しかし，飼育開始12日後に取り上げたAPM0区は1.9 gで，他の区に比べて有意に小さかった．生残率が低かったイカナゴ区の平均体重が重かったのは，小さな個体がへい死したことに基づいている．へい死魚の体重を含めた増重量は飼料効率とともに有意な区間差は認められなかったが，みかけのタンパク質・エネルギー蓄積率はAPM800および1200区が，肝臓および脳組織のVitC含量はAPM1200および1600区がそれぞれ優れていた（図6・10）．

体重15 gのブリ稚魚[22]および3 gのイシダイ稚魚[23]にVitC無添加飼料を給与すると，飼育後20日および35日頃から体色黒化，遊泳不活発，食欲低下，低成長などの欠乏症状が出現すると報告している．供試したクロマグロ稚魚の体重はブリ・イシダイ稚魚に比べて小さかったが，APM0区で飼育後7日よりブリやイシダイに類似したVitC欠乏症が現れたので，クロマグロのVitC要求性は他の魚種より高いことがわかった．そこで，上記の飼育成績からクロマグロ稚魚のVitC要求量を見積もると87（イカナゴ）〜286 ppm（APM400），肝臓・脳組織のVitC含量からは670 ppm（APM1200）付近であることが示唆された．なお，イカナゴ区では明確なVitC欠乏症を認めなかったが，APM400〜1600区より生残率と飼料効率は低かった．Kanazawa et al.[22]はAPMを用いてブリ稚魚のVitC要求量を調べ，30〜60 ppmであることを示した．石橋[23]はイシダイ稚魚のL型VitC要求量は成長から250 ppm，肝臓のVitC含量から

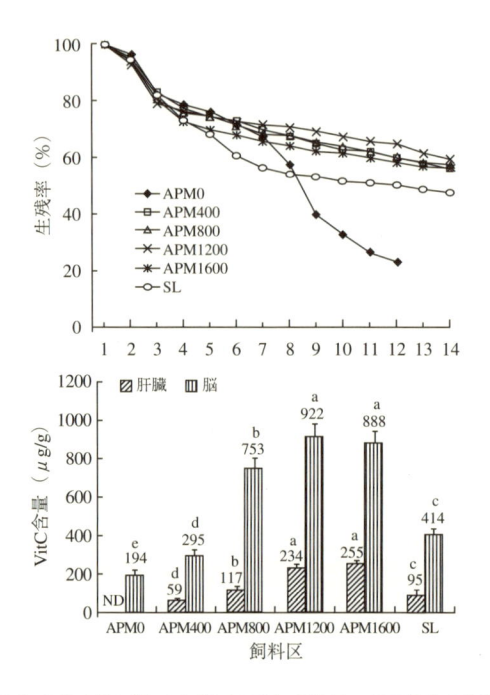

図6・10　飼料のVitC-2モノリン酸・Mg塩（AMP）がクロマグロ稚魚の生残率および肝臓・脳VitC含量に及ぼす影響

500 ppmであることを明らかにした．また，佐藤[24)]はこれまでの養殖魚のVitC要求量に関する報告をまとめ，サケ科魚類ではAMPで10 ppm，海水魚ではシングルモイストペレットを用いた場合，L型VitCで200～1,000 ppmであることを示した．L型VitCは飼料調製の際に水を加えることで，また，モイストペレットでは凍結保存中にかなり失活することなどを考慮すると[25)]，クロマグロ稚魚のVitC要求量は海水魚のなかでも高いことが理解できる．

　ここに示した一連の研究成果に他の知見を加えて，クロマグロ稚魚の実用配合飼料を試作したところ，孵化後20日以降から体重300 gに達するまで問題なく飼育できた．この配合飼料は，2009年度より日清丸紅飼料と近畿大学の技術指導許諾契約のもとで製造販売されている．水産養殖科学の発展と知的財産権の運用をどのように調和させるか，テストケースとしての検証を進めたい．

　最後に，本研究を実施するのに当たって，近畿大学GCOE拠点の推進担当

者,博士研究員,大学院博士課程・農学部学生各位には多大なご指導とご助力を賜った.さらに,高知大学名誉教授の示野貞夫・細川秀毅先生,三重大学教授神原 淳先生,日清丸紅飼料株式会社前水産研究所長故宇川正治博士には数々のご鞭撻を賜った.ここに記して衷心より深謝いたします.

文　献

1) 竹内俊郎.栄養要求に関する基礎理論.栽培漁業技術体系化事業基礎理論コーステキスト集 XIV -魚介類の栄養要求と飼料の栄養強化-.日本栽培漁業協会.2001; 1-32.
2) Kolkovski S, Lazo JP, Izquierdo M. Fish larvae nutrition and diet. In: Burnell G, Allan G (eds). New Technology in Aquaculture. Woodhead Publishing Limited. 2009; 315-369.
3) Wang Q, Takeuchi T, Hirota T, Ishida S, Miyakawa H, Hayasawa H. Application of microparticle diets for Japanese flounder Paralichthys olivaceus larvae. Fish. Sci. 2004; 70: 611-619.
4) 宮下 盛.クロマグロの種苗生産に関する研究.近大水研報 2002; 8: 1-171.
5) Masuma S, Takebe T, Sakakura T. A review of the broodstock management and larviculture of the Pacific northern bluefin tuna in Japan. Aquaculture in press.
6) Haga Y, Naiki T, Tazaki Y, Takebe T, Kumon K, Tanaka Y, Shiozawa S, Nakamura T, Ishida S, Ide K, Masuma S, Takeuchi T. Effect of feeding microdiet and yolk-sac larvae of spangled emperor Lethrinus nebulosus at different ages on survival and growth of Pacific bluefin tuna Thunnus orientalis larvae. Aquac. Sci. 2010; 58: in press.
7) Kvåle A. Weaning of Atlantic cod (Gadus morhua) and Atlantic halibut (Hippoglossus hippoglossus). Studying effects of dietary hydrolysed protein and intestinal maturation as a marker for readiness for weaning. Ph. D thesis, University of Bergen. 2006; 1-82.
8) 日高磐夫.「魚類生理学」(板沢靖男・羽生功編) 恒星社厚生閣.1991; 489-518.
9) 原田勝彦.「魚介類の摂餌刺激物質」恒星社厚生閣.1994; 1-127
10) Kohbara J, Miyazaki T, Takii K, Hosokawa H, Ukawa M, Kumai H. Gustatory responses in Pacific bluefin tuna Thunnus orientalis (Temminck and Schlegel). Aquacult. Res. 2006; 37: 847-854.
11) Haga Y, Naiki T, Tazaki Y, Shirai T, Takaki Y, TanakaY, Kumon K, Shiozawa S, Masuma S, Nakamura T, Ishida S, Takeuchi T. Improvement in the feeding activity, early growth and survival of Pacific bluefin tuna Thunnus orientalis larvae fed a case in peptide-based microdiet supplemented with inosine monophosphate. Fish. Sci. (in press).
12) 丸山俊朗,奥積昌世,佐伯和昭,島村 茂.活魚輸送・蓄養における泡沫分離法の飼育海水浄化能.日水誌 1991; 57: 219-225.
13) 丸山俊朗,奥積昌世,佐藤順幸.循環式泡沫分離-ろ過システムによるヒラメ畜養水の浄化.日水誌 1996; 62: 578-585.
14) 熊井英水.クロマグロ増養殖の来歴と現状そして将来.「クロマグロ完全養殖」(熊井英水・宮下 盛・小野征一郎編著) 成山堂書店.2010; 1-21.
15) Takii K, Seoka M, Izumi M, Hosokawa H, Shimeno S, Ukawa M, Kohbara J. Apparent digestibility coefficient and energy partition of juvenile Pacific bluefin tuna, Thunnus orientalis and Chub Mackerel, Scomber japonica. Aquacult. Sci. 2007; 55: 571-577.

16) Ji S-C, Takaoka O, Biswas AK, Seoka M, Ozaki K, Kohbara J, Ukawa M, Shimeno S, Hosokawa H, Takii K. Dietary utility of enzyme treated fish meal for juvenile Pacific bluefin tuna *Thunnus orientalis. Fish. Sci.* 2008; 74: 54−61.

17) Seoka M, Kurata M, Tamagawa R, Biswas AK, Biswas BK, Yong ANK, Kim Y-S, Ji S-C, Takii K, Kumai H. Dietary supplementation od salmon roe phospholipid enhances the growth and survival of Pacific bluefin tuna *Thunnus orientalis* larvae and juveniles. *Aquaculture* 2008; 275: 225−234.

18) Biswas BK, Ji S-C, Biswas AK, Seoka M, Kim Y-S, Kawasaki K, Takii K. Dietary protein and lipid requirements for the Pacific bluefin tuna *Thunnus orientalis* juvenile. *Aquaculture* 2009; 288: 114−119.

19) Biswas BK, Ji S-C, Biswas AK, Seoka M, Kim Y-S, Takii K. A suitable dietary sugar level for juvenile Pacific bluefin tuna, *Thunnus orientalis. Aquacult. Sci.* 2009; 57: 99−108.

20) 示野貞夫. 魚類の糖利用能に関する研究. 高知大水実研報 1974; No. 2: 1−107.

21) Sawada Y. Early development and juvenile production. In: Sakamoto W, Miyashita S, Nakagawa Y (eds). *Ecology and Aquaculture of Bluefin Tuna ? Proceedings of the Joint International Symposium on Bluefin tuna, 2006*−. Kinki University Press. 2006; 41−46.

22) Kanazawa A, Teshima S, Koshio S, Higashi M, Itoh S. Effect of L-ascororbyl−2−phosphate-Mg on the yellowtail *Seriola quinqueradiata* as vitamin C source. *Nippon Suisan Gakkaishi* 1992; 58: 337−341.

23) 石橋泰典. 海水養殖魚のアスコルビン酸要求に関する研究. 近大水研報 1994; No. 4: 1−99.

24) 佐藤秀一. ビタミン.「改訂魚類の栄養と飼料」(渡邉 武編) 恒星社厚生閣. 2009; 135−147.

25) 滝井健二, 細川秀毅, 提坂裕子, 西谷栄盛, 中川平介, 熊井英水. 養魚飼料のビタミンC含量に及ぼす緑茶カテキン類の効果. 水産増殖 1999; 47: 423−426.

7章　食材としての安全性

安 藤 正 史*

　近年，人為的な食品事故があいついで起きたこともあり，「食品の安全性」に対する消費者の関心が急激に高くなりつつある．水産関連食品についても同様であり，HACCPの導入が広く進められていることにもつながっている．

　魚介類の安全性に影響する因子としては，毒素・アレルギー物質・病原菌などが主であるが，昨今では過酸化物による発がん性も問題のひとつであり，容易に酸化され過酸化物を生じやすい不飽和脂肪酸を多く含む魚類の脂質も安全性にかかわっている．

　また，その他の危険要因として有害重金属の問題がある．その代表格が，その悲惨さで世界的に有名になった水俣病を引き起こした水銀である．水俣病の原因は正確にはメチル水銀であり，アセトアルデヒド製造工程において触媒として用いられていた水銀がメチル化し，それが海へと投棄された．その結果，高濃度のメチル水銀が魚介類に蓄積し，それらを食べた人々が罹患したという流れがある[1]．水俣病は神経細胞が侵され，運動障害に始まり，脳性麻痺などの末に患者が亡くなってしまう．また，水銀は神経系の障害の原因となるだけではなく，腎臓障害など様々な障害を引き起こす物質でもある[2]．このように水銀は危険な有毒物質であり，水俣病の発生は世界的な大事件であったにもかかわらず，その関心は日本ではすでに薄らいでいる．

　ところで，海水にはごく微量ながら水銀が含まれている．なお，その供給源は主に海底火山からの噴出によるとされている．そのままの濃度であれば何ら人体に危害を及ぼす危険性はないが，海水に含まれる水銀はまずプランクトン類に蓄積され，濃縮される．次に小型魚類がプランクトンを食べ，さらに水銀を蓄積する．続いて中型魚・大型魚といった食物連鎖が続くことにより，段階的に水銀濃度は高くなってゆく．そのため，一般的には大型の魚種ほど高い濃

---

* 近畿大学農学部

度の水銀を蓄積していることになる．よって，大型魚であるクロマグロには比較的高濃度の水銀が検出される．一方，陸上の土壌にも水銀が存在し，植物はそれを吸収する．ただし，草食動物ならば直接その植物を食べ，肉食動物でもその草食動物を食べる程度であるため，海中に比べ食物連鎖の段階は少なく，そのため水銀濃度の生物濃縮は魚介類ほど高くはならない．よって，このような食物連鎖の違いに起因する水銀濃度の違いがあるため，人が摂取する水銀の大半は魚介類由来となる．

本章では，比較的高い水銀濃度がなかば当然とされてきたクロマグロであっても，養殖技術により水銀濃度を大きく低下させうることを中心に紹介する．

§1. 国外における水銀中毒の事例

日本では1964年前後に公になった水俣病が有名だが，世界的に見ると水銀中毒事件は実は1900年以前から生じており，さらに水俣病と同様にアセトアルデヒドの製造が関係している可能性がすでに1930年にドイツで報告されていた[2]．その他，1971年にイラクで大規模な中毒事件が生じたが，これは小麦の殺菌に水銀を用いたことが原因である．また現在では，金採掘に使用された水銀がアマゾン川下流の魚に蓄積し，それを食べた流域住民に水俣病に似た症状が発生している[2]．あるいは釣りを主要な観光産業とするカナダの地方の町において，重要な観光スポットであった川での釣りが禁じられ，大きな経済的打撃を受けている[3]．

汚染事故以外では，歯の治療に使用されるアマルガムの問題もある．アマルガムは水銀を含む合金であり，治療後に微量ながら水銀が揮発するため人が水銀ガスを吸引することになり，その安全性が問題視されている[4]．

§2. 水銀摂取許容量

水銀は主に食事を通じて体内に蓄積される．ヒトが摂取する水銀の約90％が魚介類由来であり，魚介類の摂取量が多い人ほど水銀濃度が高くなる傾向にある[5]．日本人の魚介類の摂取量は多いため，日本人の水銀濃度は世界的に見ても高いとされる[6]．魚はすぐれた栄養源であるが，摂取量が多くなると同時に摂取する水銀量も増加するため，FAOやWHOでは1週間に摂取しうる水

銀の許容量を 1.6 µg/kg（体重）/week としている[7]．また日本の厚生労働省は，総水銀濃度が 0.4 µg/g を上回る魚介類の出荷の自粛を通達により呼びかけている[8]．その他，各国において水銀の規制値が存在する．水銀の半減期は約 70 日とされており，体内に取り込まれた水銀は長期間にわたり体内にとどまることになる[9]．特に妊婦の場合は胎児への水銀被害の恐れがあるため，水銀濃度の高い魚を摂取することは控えるべきとの考えもある[10]．

§3. 国内に流通するマグロの水銀濃度

クロマグロは魚介類の中でも一般的に高い水銀濃度を示す．天然クロマグロの平均水銀濃度は 1.3 µg/g といわれているが，魚体のサイズや生息海域が異なると個体の水銀濃度も大きく異なり，100 kg 以上の個体の水銀濃度は 0.5 µg/g から高いもので 4 µg/g を超える個体が存在する．また地中海産天然クロマグロでは，5 kg から 100 kg までのクロマグロで 0.12 µg/g から 2.32 µg/g であったと報告されている[11]．天然クロマグロの水銀濃度が高い理由としては，食物連鎖に加えて環境汚染の影響も考えられるものの，摂取している餌の内容を正確に把握できないためあくまでも推論に過ぎない．一方で，養殖マグロの生産が世界的な拡大をみせており，その年間生産量は地中海で約 2 万 t，オーストラリアで約 9,000 t に達している[12]．オーストラリア産養殖ミナミマグロの水銀濃度は 0.33〜0.51 µg/g であり[13]，地中海産天然クロマグロの数値よりも低い値を示している．この結果を見ると，マグロ養殖には水銀濃度の上昇を抑える何らかの要因があると思われる．

§4. 完全養殖クロマグロの水銀濃度[14]

近畿大学において飼育されている完全養殖クロマグロの場合，産卵から出荷までが完全に管理されているため，餌による水銀濃度への影響や，成長による水銀濃度の変化の過程を明らかにすることが可能である．そこで，完全養殖クロマグロの水銀量の増減を詳細に調べることにより，天然クロマグロと養殖クロマグロとの水銀量の差の要因を明らかにし，より水銀レベルの低い安全な養殖クロマグロの生産を目指した．

4・1 総水銀濃度

完全養殖クロマグロ(生後2〜3年,体重12〜27 kg)についてその水銀量を測定した結果を図7・1に示した.この結果によれば,当初は天然クロマグロよりも水銀濃度が高いが,ある時点から天然クロマグロの平均値よりも低くなる.ただし,この時点では暫定基準値である 0.4 μg/g より高い 0.6 μg/g 前後であった.

天然クロマグロよりも水銀濃度が低いことは注目すべき点であるが,これに加えて興味深いのは体重と水銀濃度との関係である.天然クロマグロでは体重の増加とともに水銀濃度も増加する.この現象はクロマグロのみならず,広く天然魚全体に認められる現象である.これは上記に示したように食物連鎖による濃縮が生じている影響と思われる.つまり,魚体が大きくなるにつれて大きな餌を食べることにより,餌に含まれる水銀濃度が高くなることで,結果的により多くの水銀が蓄積されていくのである.

一方で,養殖個体に認められた「体重が増加しても水銀濃度が一定以上に上がらない」という特異的な現象の理由は,次のように考えられる.天然クロマグロの餌はイワシ類やトビウオ類のような小型魚の他,カツオのような比較的大きな魚も含まれる[15].これに対して養殖クロマグロの場合は,餌の大半はクロマグロの成長段階にかかわらずサイズのそろった小型のサバやスルメイカが中心であり,天然クロマグロが餌としている魚介類よりも生物濃縮が進んでいない,つまり水銀濃度の低いものである.餌の水銀濃度の違いは,同じ重量の魚介類をマグロが食べる際,養殖クロマグロが摂取する水銀量が天然クロマグ

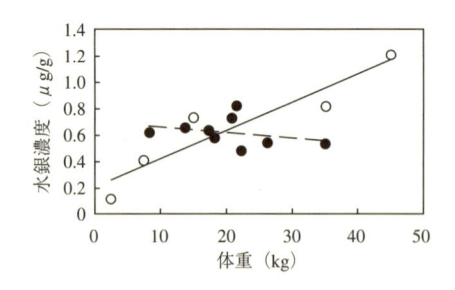

図7・1 クロマグロの体重と背部普通筋水銀濃度との関係
●:完全養殖クロマグロ,○:天然クロマグロ(地中海産).

ロのそれよりも少ないことにつながる．その結果，魚体の体重と水銀量の増加速度が釣り合い，水銀濃度が一定以上に上昇しなくなったものと考えられた．なお，この考え方を他の魚種にあてはめると，一般的に体重が大きくなるほど水銀濃度は上昇するとされるが，天然環境であっても餌の大きさには限界があるため，あるレベルで水銀濃度は頭打ちとなると考えるのが自然である．

4・2 メチル水銀濃度

生物の体内に存在する水銀は，その存在形態によって大きく無機水銀と有機水銀とにわけられる．火山の噴火により放出される際は大部分が無機水銀と考えられるが，それらがバクテリアに取り込まれ，その体内でメチル化され有機水銀のひとつであるメチル水銀が生じるとされる．比較的毒性が強く，水俣病の原因となったのはメチル水銀であるが，水銀濃度の評価にあたっては無機水銀と有機水銀との合計である総水銀量が用いられることが多い．その理由としてはメチル水銀の測定方法には手作業が多く，誤差が大きくなりやすいこともあるが，総水銀量の測定方法が簡便であることに加え，大半の水銀がメチル水銀として存在しており，総水銀量をメチル水銀量とみなしても大きな差異がないためである．なお，上記に示した水銀量も，すべて総水銀量を測定したものである．

念のため完全養殖クロマグロのメチル水銀量の測定を行ったところ，総水銀量に占めるメチル水銀の割合は年間を通じて70％から77％となっており，天然クロマグロの75％と大きな違いはなかった．よって，養殖クロマグロにおいて特にメチル化あるいは脱メチル化が促進されるといったことは起きないようである．

§5. 尾部筋肉を利用した全個体検査

養殖クロマグロの水銀濃度は一定以上には上がらないようであるが（図7・1），実験対象となった個体は最大でも約27 kgであり，最大で100 kg近くなる出荷サイズのクロマグロの水銀濃度が本当に低いままなのかは未確認であった．そこで次に，生簀内の全個体の出荷が終了するサイズまでの水銀濃度を連続的に測定することを目標とした[16]．

しかしながらクロマグロは高価な魚であり，検査用に多数の個体を購入する

ことは困難である．また，出荷段階でのサンプリングができれば費用も少なくなるが，個体の一部から筋肉を切り取ることは商品価値を損なうことになるため，それも実際には難しい．

ところで，マグロ類は水揚げ後，基本的に尾部を切り落とす．仲買人などがその切り口から肉の色や脂ののりを判断するが，尾部はかさばるうえに商品価値が乏しいため，基本的には廃棄されている．そこで，この捨てられる尾部を利用してクロマグロ全身の水銀量の推定を試みた．もしこれが可能であれば，少ない費用によるクロマグロ水銀量の全個体検査が可能となる．

尾部には少ないながらも筋肉があるので，サンプリングは可能であり水銀量の測定は容易である．しかし，検査の材料として採用するためには，他の部位の水銀濃度と同等でなければならない．そこでまず尾部と他の筋肉部位との水銀濃度の比較を行ったところ，尾部の水銀濃度は腹部前方のいわゆる大トロを除く他の部位とほぼ同じであることがわかった．なお，腹部前方の水銀濃度は尾部よりも低くなった．この検査は水銀濃度の最高値のチェックが目的であり，その点において尾部よりも低い腹部前方については問題がなく，少なくとも尾部の水銀濃度よりも低いとすることで目的は達成できる．結論として，尾部によるクロマグロ水銀濃度の推定は可能と考えられた．

そこで，出荷される養殖クロマグロのうちの 98 個体（生後 28〜40 ヶ月，体重 22.3〜61.6 kg，平均 36.6 kg）について，その尾部筋肉の水銀濃度を 1 年間にわたり測定した（図 7·2）．その結果，体重が実験開始時に比べ最大で約 3 倍にまで増加しているにもかかわらず，水銀濃度は約 0.6 μg/g で頭打ちとなって

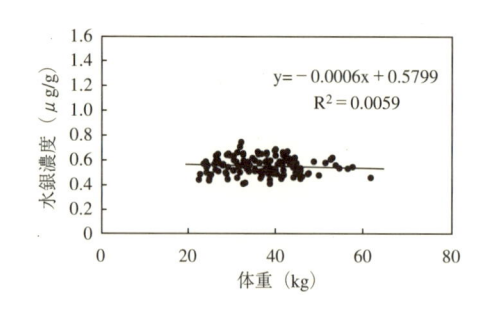

図 7·2　出荷サイズの養殖クロマグロにおける体重と普通筋水銀濃度との関係

いた．つまり，同じ水銀レベルの餌を与え続ける限り水銀濃度の上昇は頭打ちとなることが確認された．

§6. 水銀濃度の季節変動

尾部普通筋のデータを用い，水銀濃度を月別に示した（図7·3）．すると，12月から3月，つまり冬期において水銀濃度が上昇した．次に4月から7月の春から初夏にかけて減少し，その後8月から10月にかけて再び増加した．つまり，筋肉の水銀濃度は一定ではなく，ゆるやかな季節変動を起こしていることが明らかとなった．

水銀濃度の季節変動に関与しうる要因として，水温および餌の影響が推測された．ここで，飼育期間中の各月の平均水温，および摂餌量から計算した水銀摂取量を図7·4に示す．水温は12月から3月にかけて低下し，これに対応して摂餌量が減少する傾向にあった．ところが，筋肉の水銀濃度は同じ期間において逆に上昇した（図7·3）．一方，5月から8月にかけては水温の上昇に伴い

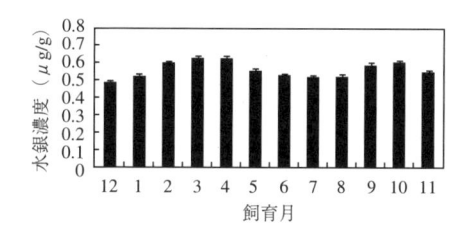

図7·3　尾部筋肉水銀濃度の月別変化

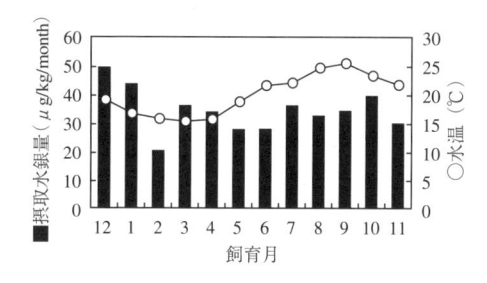

図7·4　月別の体重当たりの水銀摂取量と水温との関係

摂餌量が増加したにもかかわらず，水銀濃度は減少した．つまり，筋肉の水銀濃度は水銀の摂取量とは正の相関を示さず，むしろ負の相関を示したのである．

この理由は，新陳代謝の速度に対する水温の影響であると考えられた．水銀の摂取量が増加した時期であるにもかかわらず，筋肉中の水銀濃度が下がるということは，水銀排出速度が上がっているためと推測できる．この時期には水温が上昇しているため，筋肉の新陳代謝が活発化し，筋肉の入れ替わりが早くなると考えられる．その際，筋肉の分解に伴い，筋原線維に結合している水銀の排出速度が早くなったと思われる．筋肉から解離した水銀は血流により肝臓に運ばれることから，その時期には肝臓の水銀濃度が上昇することが予想されるが，実際，肝臓の水銀濃度が4月に比べ7月で高くなっていた[14]．

そこで，水温が与える水銀濃度への影響を検証するため，平均水温が和歌山県串本町よりも高い鹿児島県奄美大島にて同様の実験を行った[17]．平均水温は串本町では16〜25℃であったのに対し，奄美大島では21〜28℃であった．その結果，まず摂餌量は季節によらずほぼ一定であった．これは水温21℃以上という条件はクロマグロにとっていわば快適な環境にあるため，摂餌量の低下が起きなかったためと思われる．また，水銀の摂取量が一定であったこの条件下で，筋肉の水銀濃度もほぼ一定であり，串本町で飼育されたクロマグロのような季節変動を示さなかった．この結果は，21〜28℃という温度帯においては水銀の排出速度の変化がほとんどなかったことを意味している．

以上より，養殖クロマグロの水銀濃度は飼育水温と摂餌量の変化に影響されていることが明らかとなった．

§7. 餌の選択による水銀レベルの低減化[18]

養殖クロマグロの水銀濃度には水銀の摂取量あるいは水温の影響が大きいことがわかった．よって，仮に餌の水銀濃度あるいは飼育水温を制御できれば，養殖クロマグロの水銀濃度をさらに下げることも可能ということになる．飼育水温の人為的な制御は成魚の飼育スケールでは困難であるが，水銀の摂取量を調整することは可能である．その手段としては①摂餌量の制限，あるいは②水銀濃度の低い餌の利用，のいずれかである．①の場合，作業自体は容易であるが，飽食給餌を行っている現状において摂餌量を制限することは成長速度の低

下，または肉質の変化など不測の事態を起こす可能性があり，大きなスケールで行うことにはリスクを伴う．一方，②を調べるには，色々な水銀レベルの餌でクロマグロを飼育することが必要である．ところが，クロマグロは非常に餌の選り好みが強い魚であるため，使える魚種は限られる．クロマグロが食べる魚として養殖現場で経験的に知られていた魚は，マサバ・ゴマサバ・ムロアジ・イカナゴ・スルメイカなどの限られたものである．また，好まないが何とか食べる魚としてマアジがある．そこで市販サイズのこれら魚種の水銀濃度を測ったところ，概ねサバ類＞マアジ・イカナゴ・スルメイカという関係があった．そこで，クロマグロ幼魚（2.5～6 kg）をふたつの生簀に分け，一方にはゴマサバ（水銀濃度約 0.052 $\mu g/g$），もう一方にはマアジとイカナゴ（平均水銀濃度約 0.019 $\mu g/g$）を用いて 18～19 ヶ月間にわたり飼育し筋肉水銀濃度への影響を検証した．

筋肉の水銀濃度の変化を部位別にみると（図 7・5：口絵）ゴマサバ区では実験開始後 5 ヶ月あたりから大トロを除くすべての部位において水銀濃度が上昇を始めた．約 7 ヶ月後の時点で厚生労働省の基準値である 0.4 $\mu g/g$ に達しており，その後頭打ちとなる約 0.6 $\mu g/g$ 近くに達した．一方マアジ・イカナゴ区では 0.2～0.3 $\mu g/g$ 付近で一定値を示し，増加する傾向は全く見られなかった．

以上の結果から，水銀濃度の低い餌を与えることにより養殖クロマグロ筋肉の水銀濃度を低減化できることが明らかとなった．マアジ・イカナゴ区個体の水銀濃度は基準値である 0.4 $\mu g/g$ をクリアしており，この基準値に適合する養殖クロマグロ生産に成功した初の例である．

§8. 餌料用小型魚水銀濃度の変動要因

マアジ・イカナゴを給餌することでクロマグロの水銀を低減化させることは可能となったが，成長速度においてはサバ類の方が優れている．また，アジ類はサバ類よりも単価が高い．そこで次に，主にサバ類について季節・産地による水銀量の違いを調べ，水銀濃度の低い個体の選択基準を明らかにすることを目的とした．

サンプルは日本海側 3 ヶ所，太平洋側 2 ヶ所を主な入手先とし，約 3 年間にわたりマサバ・ゴマサバ・マアジ・マルアジ・ヒラメを入手した．その結果，

日本海と太平洋において明確な水銀濃度の差が現れ，ほぼ同じ体重の個体であるにもかかわらず，ヒラメを除くすべての魚種において太平洋側の個体の水銀濃度が日本海側個体の約 2.5～3 倍となった（未発表）．

この理由として，海水中の水銀濃度の違いがあげられる．気象庁のデータによれば，日本海側が 2.2 ppt であるのに対し，太平洋側では 2.7 から 3.7 ppt となっており，日本海側の 1.5 倍前後の水銀濃度を示している[19]．この濃度は環境海水としては十分に低い濃度であり，汚染として扱うような状況ではない．ただし，海中の食物連鎖に伴う生物濃縮を経た結果，魚体中の濃度差が顕著となり，結果的に今回の測定値の差となって現れたと考えられた．

ところで，世界の火山の分布を見ると，太平洋側には多数の海底火山が存在する[20]．海水中の水銀の多くはこれら海底火山からの噴出によって供給されるといわれており，日本近海の太平洋側に存在する水銀は，これらの火山由来のものが海流によって運ばれ，日本周辺にたどり着いたものと思われる．この場合，世界的なスケールで日本列島を見ると，狭くなっている日本海側へは海流が比較的流れ込みにくく，その結果として両海域の間に水銀濃度の差が現れたと考えられる．

以上の結果より，養殖クロマグロの餌料用小型魚を入手する場合，生物濃縮の影響を考慮して魚体サイズの小さな個体を選ぶことのほかに，より水銀濃度の低い海域で漁獲された個体を選ぶことにより，餌料魚の水銀レベルをより低く抑えることができると考えられる．

§9. 餌料魚に依らない水銀濃度の低減策

日本ではマグロ類などは水銀の基準値の適用対象から除外されている．その理由としては，基準値が設定された 1973 年当時，食物連鎖の上位に位置するマグロ類が高めの水銀濃度を有することは自然現象であり，やむをえないという考え方があったためである．しかし，化石燃料の燃焼により自然環境の水銀濃度が上昇しつつある現代において，そこに生息する天然マグロ類の水銀濃度も緩慢にではあるが上昇しつつあることが推察される．このような状況において，マグロ類の水銀に対する旧来の考え方を継続するのは，食品の安全性確保の観点からも疑問が残り，何らかの対策が考慮されるべきであろう．

養殖クロマグロの水銀レベルを低下させる手段としての，低水銀濃度の魚種の選択は，マアジを用いた時点ですでに限界に近い．そこで次に，水銀濃度が生餌よりも低い配合飼料の開発が必要となる．魚粉を主要なタンパク源としている限り水銀濃度の低減化は難しいが，現在では大豆タンパク質などの代替タンパク質の配合飼料への添加が試みられている．現在，クロマグロ用の配合飼料は一部で使用が始まっており[21]，さらに代替タンパク質の配合割合を増加させたクロマグロ向け配合飼料が開発できれば，本研究と同様の結果が得られるであろう．

さらに，給餌量の制限もひとつの手段となる．現状は飽食給餌が主流であるが，適度な給餌制限を行えば水銀の摂取量を抑制することができる．給餌量の制限は成長速度の鈍化，ひいては生産コストの増大につながるが，世界的に重要性を増している食の安全性を確保するためであれば，ある程度の経済的負担は考慮されなければならない．

また，低水銀マグロの養成にあたっては，その飼育を開始する時期も重要である．地中海などで生産量の多い養殖マグロの場合，養殖を始めた時点ですでに魚体が大きいため，水銀濃度はある程度上がってしまっていると考えられる．そこから低水銀レベルの餌を与えたとしても，水銀の排出速度は魚類においてはきわめて遅いため[22]，養殖マグロの水銀濃度を短期間で下げることは困難であろう．マグロ資源の世界的な減少を考えれば，大型のマグロを獲って養殖するよりも種苗を人工生産し，そのレベルから飼育することで資源保護と水銀濃度の低減化が両立しうると思われる．

文献

1) 原田正純．水俣病の歴史．「水俣学講義」（原田正純編）日本評論社．2004; 23-49.
2) 原田正純．「水俣病と世界の水銀汚染」実教出版．1995; 2-14.
3) 朝日新聞．2006年4月16日．
4) 鈴木継美監訳．「無機水銀」日本公衆衛生協会．1992; 38-43.
5) Nakagawa R, Yumita Y, Hiromoto M. Total mercury intake from eish and shellfish by Japanese people. *Chemosphere* 1997; 35: 2909-2913.
6) Yasutake A, Matsumoto M, Yamaguchi M, Hachiya N. Current hair mercury levels in Japanese: Survey in five districts. *Tohoku. J. Exp. Med.* 2003; 199: 161-169.
7) JECFA ; Summary and conclusions of the sixty-first meeting of the Joint FAO/WHO Expert Committee on Food Additives (JECFA): Rome,

8) JMHLW. Provisional standard of mercury in fish and shellfish. Director-General of Environmental Health Bureau, Japanese Ministry of Health, Labor and Welfare, Notification No. 99, 1973.
9) Kudo A. Natural and artificial mercury decontamination - Ottawa River and Minamata Bay (Yatsushiro Sea). *Water Sci. Technol.* 1992; 26: 217-226.
10) 厚生労働省: 魚介類に含まれる水銀について http://www.mhlw.go.jp/topics/bukyoku/iyaku/syoku-anzen/suigin/index.html
11) Storelli MM, Marcotrigiano GO. Total Mercury levels in muscle tissue of swordfish (*Xiphias gladius*) and bluefin tuna (*Thunnus thynnus*) from the Mediterranean sea (Italy). *J. Food Prot.* 2001; 64: 1058-1061.
12) FAO yearbook. 2004. Fishery statistics, Aquaculture production. 2004; 98/2.
13) Balshaw S, Edwards JW, Ross KE, Daughtry BJ. Mercury distribution in the muscular tissue of farmed southern bluefin tuna (*Thunnus maccoyii*) is inversely related to the lipid content of tissues. *Food Chem.* 2008; 111: 616-621.
14) Nakao M, Seoka M, Tsukamasa Y, Kawasaki K, Ando M. Possibility for decreasing of mercury contents in bluefin tuna *Thunnus orientalis* by fish culture. *Fish. Sci.* 2007; 73: 724-731.
15) Mori K. Geographical distribution and relative apparent abundance of some scombroid fishes based on the occurrences in the stomachs of apex predators caught on tuna longline-I. Juvenile and young of skipjack tuna (*Katsuwonus pelamis*). *Bull. Far Seas Fish. Res Lab.* 1972; 6: 111-168.
16) Ando M, Seoka M, Nakatani M, Tsujisawa T, Katayama Y, Nakao M, Tsukamasa Y, Kawasaki K. Trial for quality control in mercury contents by using tail muscle of full-cycle cultured bluefin tuna *Thunnus orientalis*. *J. Food Prot.* 2008; 71: 595-601.
17) Ando M, Seoka M, Mukai Y, Mok WJ, Miyashita S, Tsukamasa Y. Effect of water temperature on feeding activity and resultant mercury levels in muscle of cultured bluefin tuna *Thunnus orientalis* (Temminck and Schlegel). *Aquaculture Res.* in press.
18) Nakao M, Seoka M, Nakatani M, Okada T, Miyashita S, Tsukamasa Y, Kawasaki K, Ando M. Reduction of mercury levels in cultured bluefin tuna, *Thunnus orientalis*, using feed with relatively low mercury levels. *Aquaculture* 2009; 288: 226-232.
19) Japan Meteological Agency. http://www.data.kishou.go.jp/kaiyou/db/kaikyo/daily/sst_jp.html
20) Kious WJ, Tilling RI. Plate tectonics and people. In: This Dynamic Earth: The Story of Plate Tectonics. US Department of the Interior, US Geological survey. http://pubs.usgs.gov/gip/dynamic/dynamic.html
21) Pick up. ソーセージ型配合飼料でミナミマグロを養殖！アクアネット, 2009; 9: 54.
22) Rouhtula M, Miettinen JK. Retention and excretion of ^{203}Hg-labelled methylmercury in rainbow trout. *OKIOS.* 1975; 26: 385-390.

8章　養殖生産物の認証制度

有 路 昌 彦*

　水産資源の減少や消費者の環境意識の高まりに応じ，漁業に対する認証制度が設立され，世界的に大きく広まっている．MSC（Marine Stewardship Council（本部：イギリス））がその中でも最大のものであり，FOS（Friend of Sea（本部：イタリア））なども規模の大きなものである．わが国独自の制度としてはMELJapan（Marine Ecolabel Japan）がある．このような認証制度は，認証された漁業の生産物に対して「エコラベル」をつけることによって，消費者が非認証製品と区別できるようにしており，この「区別」が結果として，「環境に配慮した商品」が市場に選択される状態を作る．なぜならば，商品の「環境に配慮した」という情報がない状態では，消費者はそれ以外の属性と価格で商品の購入を決定するからである．そのためこの「区別」こそ，認証の重要な意義ではないだろうか．

　認証の内容は，基本的にFAO（Food and Agriculture Organization：国連食糧農業機関）が定めた「FAO水産エコラベルガイドライン」に従っており，国際的にコンセンサスが得られている「原則と基準」に基づいて審査されるようになっている．例えばMSCでは，持続可能な漁業が行われているかどうかということを，「資源管理」「環境管理」「社会へのコンプライアンス」という3つの原則をもとに認証しているが，これらはFAOガイドラインに従ったものになっている[1]．

　これらの水産エコラベルの認証制度は，企業の社会的責任に対する一種のPR方法として効果的であることと，一種のトレーサビリティを認証と同時に得ることができることから，海外の大規模小売業で認証商品を扱うケースが拡大している．例えば世界最大の量販店ネットワークであるウォルマートは，「すべて扱う天然魚を今後5年以内にMSC認証商品にする」とプレスリリー

---

*　近畿大学農学部

スしているし、わが国でもイオンが全国的にMSC商品を扱っている[2]。

これら天然漁獲の水産物に対する認証制度が世界的に急速に広がっている一方、海外では「養殖業」に対する「持続可能性」や「環境適合性」に対する社会的要求も高まっている。そのような流れの中、すでにいくつかの養殖水産物に対する認証制度が「食品安全性」や「オーガニック生産」を対象にして運営されているが、「持続可能性」や「環境適合性」に対する認証、すなわち「エコラベリング」に関しては、MSCを設立したWWF（World Wide Fund for Nature）が中心になってASC（Aquaculture Stewardship Council）という「養殖エコラベル認証」の制度を構築しつつある状態である。このような流れを受け、FAOでは養殖のエコラベルに対してもガイドラインを作る作業に取り掛かり、2010年には一定の合意を経たガイドラインの策定を行った。本稿では、養殖水産物の認証制度について、どのようなものがあり、今後どのようになっていくかその流れを説明する。

§1. 養殖の認証制度の分類

養殖認証制度とは、養殖水産物に対して、特にその生産方法が「基準に適合したものである」と評価されて、ラベルで表示されるものである。

これまでは基本的に食品安全性の部分に重きが置かれてきた。これは養殖水産物の生産過程で、適切な薬品利用をしているかどうかを消費者にわかるようにしてほしいという、消費者側のニーズに起因する。これらの「食品安全性」に重きを置いた養殖認証制度は1990年代にはすでに設立されており、現在国際的に展開している[3]。これらの多くは「有機認証」という形態で、生産段階で薬品の使用などが抑えられているものを認証するものが多く、農作物の認証の一部として養殖水産物に対する認証も行われていることもある。図8・1は既存の養殖認証制度の種類を示したものである。

先に述べた有機認証の系統が最も古く、また数多くある。しかしこれらの認証は、あくまで生産方法が集約的養殖ではなく粗放的養殖を行っているか否か認証するものである。基本的には生産性に劣る途上国の粗放定期養殖業に対するフェアトレードの視点が背景にあり、またそれらを扱う企業にとってはマーケティングツールとなってきた。有機認証に関しては農業有機認証の考え方と

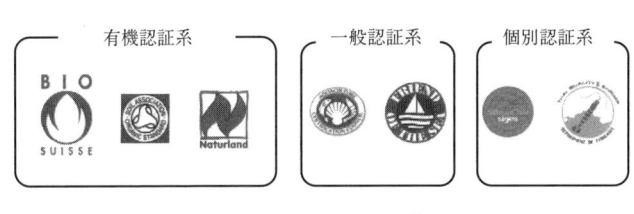

図 8·1　養殖認証制度の種類

仕組みが利用されてきたため，環境保全や食品安全に関する農場管理の基準である GAP（Good Agriculture Practice）の系統から基準が統一されていったと考えられる．

それに対して，先に述べた FOS のような水産エコラベルの認証制度の中に，養殖に対する認証を行うようになった一般認証系のものもある．ただしこれらも内容的には食品安全に関する部分のウエイトが大きい．またこの一般認証系の分類に，今後参入してくるのが ASC であると考えられる．

一方，認証制度の中にはある特定の国の水産物に対してその国独自の認証制度を行うものがある．これらは国際的な市場の中でブランディングする一手法として用いられるもので，チリのサケに対する認証やタイのエビに対する認証などがある．

§2. 認証の仕組み

上述の認証制度の多くは，ISO（International Organization for Standardization）基準（ISO14000 など）の Type1 すなわち第三者認証の形態をとっている．これは Type2 と呼ばれる「自己認証」と比較して，透明性があり社会性の信頼が高いことに起因する[4]．

このような Type1 の養殖認証の仕組みは図示すると以下のようになる（図 8·2）．基本的にこの形態は FAO の養殖認証ガイドライン（後述）にも規定されている．

認証は実際には認証機関と呼ばれる「認証を業務にした認証企業」が行う．これらの認証機関は認定機関と呼ばれる認証制度を運営する組織に，「認証事業を行ってよい」と認定されることで認証を行うことができるようになる．認

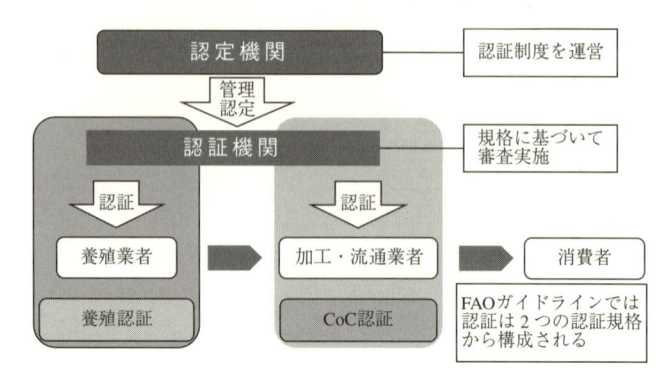

図8·2 養殖認証の仕組み

定機関は認証機関の管理と認証の仕組みのアップデートや原則と基準の策定などの活動を行う．認証機関は定められた認証の手順と原則と基準に従って，認証を認証希望者に対して行う．

認証機関が行う認証には，大きく二つの認証がある．一つ目は対象となる養殖業者に対する養殖認証と，二つ目は加工・流通業者に対する認証である，CoC（Chain of Castady）認証である．前者は対象となる養殖業が環境保全や資源の保全などの項目に適合しているかを科学的に専門家とチームを作って認証する．後者は流通に関する認証であり，流通の段階で認証されていないものが混入することがないことを保証できる状況を認証するものである[2]．

CoC 認証に関しては基本的に他のほとんどの第三者認証と同様であるが，大きく異なってくるのは前者の養殖認証である．

§3. FAO 責任ある養殖業認証ガイドラインの概要

このように養殖に関連する認証制度が多くなってきたが，認証が多くなると最低限これらの認証制度が満たすべき最低限の基準が必要であるという議論が国際的に起こってきた．そこで「食品安全性」や「環境への負荷」だけでなく，そもそも「責任ある養殖業」とはどのようなものであるかということに関する定義付けを明確にするために，FAO が中心となって「FAO 責任ある養殖業の認証ガイドライン」[3]の作成が 2008 年より始まり，2010 年 6 月に合意された．

このFAOのガイドラインが今後国際的な基準になってくるとすると，わが国の養殖業にとっても無関係なことではなく，また国内外にグローバルに展開している水産企業にとっては影響の大きな内容である．そのため2010年3月にこれらの情報を得るためFAOに対して直接的にヒアリングを行った．

以下がヒアリングで明らかになったポイントである．

・ガイドラインの位置付け

ガイドラインは「国際的に認められうる養殖の認証は，最低限これを満たしておかないといけないという内容」を示したものであるが，特にFAOが認証を認証するわけではない．そのため「ガイドライン」としているが，ガイドラインと合致しているか否かは認証を主催する組織や，認証を取引の一定の条件とする場合に明らかにされるので，必然的にガイドラインへの一致性は高くなる．

ただし，本ガイドラインは位置付けが「FAO責任ある漁業のガイドライン」（通称FAO Code of Conduct）の一部であるため，結果的に非常に強い拘束力をもつと思われる．

・貿易への影響

国際的には大手商社や量販店（ウォルマートやカルフール，センズベリーなど）が養殖の認証を取引の条件とすることが急速に拡大しており，そのため生産国は何らかの養殖認証をとるようになると考えられる．EU（European Union）と北米ではその動きが強い．また，「FAO責任ある漁業」の考え方が現在の国連海洋法条約の基となっており，貿易上でも重視されてくると考えられる．

・ガイドラインの目指す養殖業

ガイドラインは，あくまで「Responsibility（責任）」を養殖業が果たしうる状況を規定する．「責任ある養殖業」とは，持続可能なものであると同時に，消費者に安定的に安全なものを供給すること，その際環境にダメージを与えず，社会的にもコンプライアンスに従った方法で生産されていることなどを，満たしたものであるとしている．

・ガイドラインの構成

基本的には「原則と基準」「制度の仕組み」の二つによって構成されている．制度の仕組みに関するものは，認証がISO22000や14000に準拠した方法で行

われること（第三者認証），流通過程に CoC 認証をもつことでコンタミネーション（流通過程において非認証製品が認証製品と混入すること）が発生しないようにすることなどに関することであり，この点は特に FAO 水産エコラベルガイドラインとほとんど変わらないものである．

§4. ガイドラインの原則と基準

ガイドラインの基本的な方向性を定めるものが，「原則と基準」になるが，これにはかなり漁業のものと異なる考え方も導入されている．原則は，4つの「最低限守るべき評点項目」という形で提示されており，FAO ガイドラインに従う認証制度はすべてこの4つの項目を原則としてもつことになる（図8・3）．

これらの項目は以下のような内容である．

1) 環境に関する項目（Environment Integrity）

原則と基準に関しては，環境に関する項目で大きいものが「養殖場の位置」「周囲の水」の部分である．特に養殖場内に養殖で発生する汚染（魚病治療薬などの化学物質から糞や残留餌料によるなどが原因とされるもの）に関しては厳しい規定がある．養殖が行われる場所が外部から汚染の影響を受けない場所であること，また養殖場内で発生した汚染を拡散しないこと（そもそも汚染のレベルが許容できるほどに小さいこと），水が科学的な検査の上で十分に安全なものであるということが求められる．水に関しては政府などによる検査が定期的に必要であるとしている．しかし現在日本にはそのような制度はなく自主的に行う以外に方法がないため，費用的な側面を含めても，若干厳しい内容でもある．養殖による環境破壊の有無を問うだけでなく，他の産業による水質汚濁なども回避することが義務付けられている．使用する資源（種苗や餌）に関する内容もこの環境保全の項目に含まれる．資源管理に関しては具体的には，基本的に FAO 責任ある漁業および水産エコラベルガイドラインに準拠する．すなわち資源状態が良好でない資源は，餌や種苗として採取して用いることは禁止される．

2) 社会経済に関する項目（Socio-economic Aspect）

社会経済に関連しては，MSC 認証などと同様に，認証を受ける主体のコンプライアンスが十分に順守できることが求められる．法令順守という視点だけ

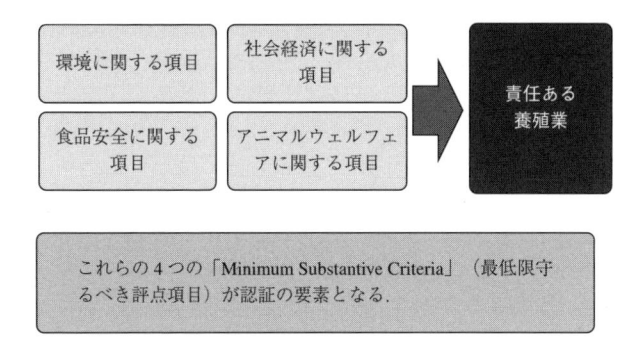

図 8·3 FAO 責任ある養殖業認証ガイドラインの原則

でなく，明確な PDCA サイクル（ISO で示される，Plan Do Check Action のサイクルを意味し，絶えず問題を発見し修正する）を，管理の「仕組み」としてもっているか否かも問われる．加えて，児童労働に対する制限などがあるが，これは発展途上国などの反対が強くある．そもそも児童労働が社会的に認められないものか否かということは途上国と先進国で考え方が異なる．

3）食品安全に関する項目（Food Safety）

食品の安全性を担保することが求められる．これは従来の衛生基準と本質的には変わらないが，国際的に認められるレベルに統一することを求める内容である．食品の安全性をいう視点では HACCP（Hazard Analysis and Critical Control Point）的な内容に加え，残留薬品や重金属の検査も必要であるとしており，食品リスクに関して，マネジメントとモニタリングができている必要がある．ただこの点は認証によって安全性が担保されるようになるのであれば，安全性の可視化には効果的なツールであるともいえる．

4）アニマルウェルフェアに関する項目（Animal Health and Welfare）

アニマルウェルフェアとは，「動物福祉」のことであり，飼育される生物が「健康で健やかな状態である」ようにすることを意味する．わかりやすくいうと，飼育される生物にとって「よい環境」を提供できているということである．具体的には養殖魚の生育方法や，活け締めの方法において，「残酷でない」方法がとられているかということを問う．基本的に畜産由来の考え方で，先んじて畜産物ではアニマルウェルフェアの考え方は OIE（World Organization for

Animal Health：国際獣疫学機関）で定義されている．今回のガイドラインはこの OIE の基準に準拠する内容である．そもそも魚類などにとっての「よい環境」とは定義が難しく，またこの概念自体に主観性があるため議論の余地は残っている．ただし今後求められる項目となることは確定している．水産に関してこの考え方が入った規定はこれが初めてであるため，この規定によって実際にどのような影響が出るのかは明らかになっていない．

あくまで FAO ガイドラインは最小限の基準であるので，魚種による違いまでは細かく基準を定めているわけではない．最小限魚類，貝類，甲殻類という区別だけがある．例えば「貝類は浄化作用をもつので，やや富栄養化が進んでいる海域での養殖は認められる」というような，魚類とは異なる基準がある．しかし実際に認証を行うとなると，認証制度ごとに魚種ごとに求められる内容やウエイトが変わる可能性が十分ある．

このようにみると，4つの大項目は，FAO ガイドラインの性質を示すだけでなく，国際的なコンセンサスがとれた「望ましい養殖業」の定義でもあるといえる．そのため今後大きな影響力をもつのではなかろうか．

特に，環境に関する項目とアニマルウェルフェアの項目は各国によって重視していたりしていなかったりする．わが国ではこの2つの項目に関しては統一した管理の方法がまだなく，個々の経営体が新たに対応するには困難がある．また実際の管理もエビデンスの提示にもかなり困難な部分もあり，如何に対応すべきか，わが国でも議論を始めるべきであろう．

§5. 今後の予測される流れ

養殖認証は現在のところ MSC のように体系化され国際的に広まっているものはまだないが，FAO のガイドラインが策定され，さらに ASC が今年度設立された．このような流れをみると，かつての MSC のように，今後認証が開始されるようになってくると数年の間に広まってくると考えられる．というのは，現在養殖水産物は金額的にはすでにわが国の食用水産物市場で天然漁獲に匹敵するシェアをもっているので，小売企業にとって非常に使いやすい制度になると考えられるからである．

国内市場において実際は自主的な調達基準を定めている企業も多くあるため，ASCのような認証が運営されるようになると，自主的な調達基準より第三者認証のほうが対外的な信用を得やすくなることから，積極的に認証制度を利用しようとするものと予測される．

そのうえで，水質調査の義務付けやアニマルウェルフェアは明らかにコスト的には経営上負荷が増える内容になる．しかしそれが基準化されていくのであれば，先取りして積極的に用いる必要がある．

現在のところ国内にはASCの認証制度を行うことを表明している認証機関はないが，今後国際的に事例が増えるに従ってこれらの認証機関は国内に法人をもっていることが多いため，随時国内でも認証の体制は整ってくるものと考えられる．

§6. 国内養殖業の対応戦略

国内の養殖業者にとっては，認証制度を使わなければならない状況が発生しないのであれば，直ちに対応すべき内容にはならない．しかし，国際的に求められる水準にこれまで対応してこなかった項目が入っていることは事実である．またすでに海外から多くの水産物を輸入しグローバルな市場となっているわが国水産物市場において，海外の認証商品が，認証商品を使おうと思っている小売企業に対して積極的に売り込んでくるであろうことから，競争上対応をせざるをえなくなることも想定される．

このような中，国内市場だけでなく，海外市場への輸出も想定している養殖業であるのであれば，積極的にFAOガイドラインで最低限求められている水準に，養殖の方法を変化させていくことは効果があると考えられる．その場合，特に飼育方法としてアニマルウェルフェアや水質検査や環境対応などを先取りして取り入れていくために，具体的にどのようなやり方の変更が必要なのかを早急に明らかにする必要がある．

しかし実際はラベリングの費用を消費者も負担できる形にならないと普及はしない．すなわち商品にラベリングをした場合，そのラベルにどれだけ消費者がプレミアムを感じるのかというのは重要な視点になる．その点について，国内の養殖水産物の例としてクロマグロの養殖に関して，消費者のMWTP

(Marginal Willingness to Pay：限界支払意志額：消費者がその属性が付加される場合どのくらいプレミアムを感じるかというもの）を明らかにした研究[5]］がある．この研究では，比較的大きな MWTP が計測されていることからも，マーケティングツールとして認証制度は有効であると考えられる．ゆえに，国内養殖業としても先取りして対応することも今後の市場の動向を見据えたうえで検討に値するのではないだろうか．

文　献

1) MSC「MSC 認証原則と基準」．
   http://www.msc.org/
2) MSC Website.
   http://www.msc.org/
3) FAO「FAO 責任ある養殖業認証ガイドライン」．
   http://www.fao.org/
4) 上原治夫．「Q & A 環境商品表示の実務」新日本法規出版．2002.
5) Ariji M. Conjoint analysis of consumer preference for bluefin tuna. *Fish. Sci.* 2010; 76: 1023−1028.

IV. クロマグロ養殖業の展開と課題

9章　クロマグロ養殖事業の展開

草野　孝[*1]・白須邦夫[*2]

§1. クロマグロ養殖事業の現状－マルハニチロ水産

　国内クロマグロ養殖は1960年代に高知県柏島において曳縄（トローリングの一種）で採捕したヨコワ（クロマグロの幼魚）を活け込み，飼育したのが事業化の最初とされている．1990年代になって民間事業としての本格的な取り組みが開始され，2002年に出荷数量が1,000 tを超えた．その後生産量は急拡大して2009年度には1万tに達したとされている[1]．

　クロマグロの資源管理強化に関する国際的な議論が高まるなかで国内クロマグロ養殖に対する期待は急速に高まっている．しかし，国内クロマグロ養殖が経済事業として安定的に発展するためには解決すべき課題が多い．国内クロマグロ養殖の現状と課題を種苗，餌飼料，漁場確保の点から整理し株式会社マルハニチロ水産（以下当社と記す）の取り組みを紹介する．

1・1　国内クロマグロ養殖の現状と課題

　国内クロマグロ養殖は曳縄ほかで採捕されるヨコワを原魚とし，イカナゴ，サバなどの冷凍餌料を給餌して2年半から3年間養殖し，35～60 kgまで成長させて出荷している．漁場は冬期の水温が高くクロマグロの成長が速い高知，沖縄，奄美大島やヨコワ採捕海域に近い長崎，愛媛，三重ほかにも広がっている（図9・1）．

1）ヨコワの確保

　原魚には沿岸小型漁船の曳縄で採捕されるヨコワ（全長15～30 cm）のほかに，最近では旋網船で漁獲される大型ヨコワ（3～5 kg）を活魚で養殖生簀に

[*1]　株式会社マルハニチロ水産（§1.）
[*2]　日本水産株式会社（§2.）

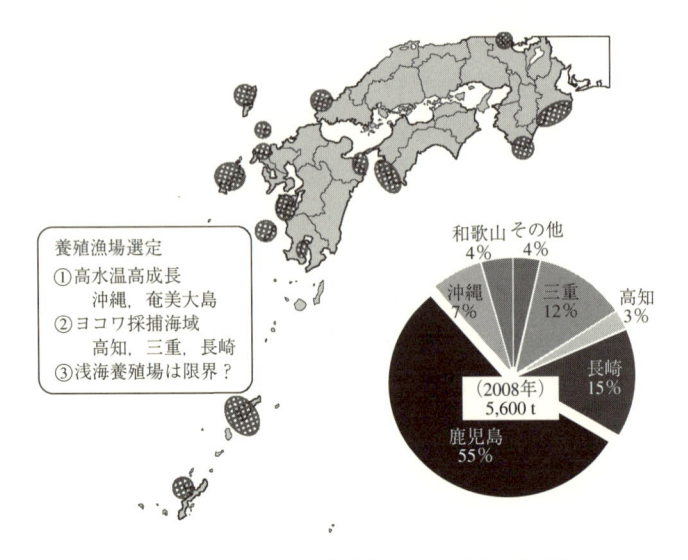

図9・1 国内クロマグロ養殖場の分布と県別生産量[1,2]

養殖漁場選定
① 高水温高成長
　　沖縄，奄美大島
② ヨコワ採捕海域
　　高知，三重，長崎
③ 浅海養殖場は限界？

(2008年) 5,600 t
鹿児島 55%
長崎 15%
高知 3%
三重 12%
和歌山 4%
その他 4%
沖縄 7%

収容する技術が開発され，養殖事業用種苗として活用されるようになった．

　小型漁船の曳縄によるヨコワ採捕は高知県が発祥とされ，この技術が日本海側を含む各地に伝わり改良されて普及した．ヨコワは，太平洋側では7〜8月に高知県柏島周辺，土佐湾西部，紀伊水道西部，熊野灘などの黒潮流域沿岸において採捕される（全長15〜30 cm）．採捕尾数は海域ごとに年変動が大きく，養殖計画を満たす尾数のヨコワを確保するためには海域ごとに複数の採捕基地を設置するなど，多大なコスト負担が要求される．一方，日本海側では9〜11月に長崎県五島列島，対馬，島根県隠岐などの沿岸域にて採捕される（全長15〜25 cm）．1990年代中頃に曳縄によるヨコワ採捕が開始されて以降，毎年継続して安定的にヨコワが採捕されていた隠岐では2009年に採捕尾数が初めて激減した．2009年のヨコワ激減の原因は明らかにされていないが，2010年の採捕数が注目される．

　旋網船で漁獲される大型ヨコワを養殖事業向け原魚として養殖生簀に収容する方法は，地中海やオーストラリアなどの養殖マグロ原魚の確保に用いられる方法を応用したもので，2000年代中頃から本格的に行われるようになった．

毎年6～7月に五島灘，対馬海峡から山陰沖の日本海西部海域が漁場となっており，沖合漁場から養殖場までのヨコワの運搬は大型曳航生簀や活魚輸送専用バージにて行われている．この方法によるヨコワ活け込み尾数は毎年5万尾以上と考えられる．しかし，2010年の旋網ヨコワは全くの不漁で，活け込み尾数は前年比10%程度で終漁したものと推察される．

2009年の隠岐の曳縄ヨコワ（0.3～0.5 kg）が初めて不漁を経験した翌年（2010年）に対馬海峡や日本海西部の旋網ヨコワ（3～5 kg）が極端な不漁となった原因については研究者の議論に注目したい．

曳縄および旋網によるヨコワ活け込み尾数はマグロ養殖事業の拡大に伴うヨコワ採捕努力量の増加（ヨコワ取引価格の高騰に伴う出漁漁船数の増加）に比例して毎年順調に増加し，2008年には過去最高の43万尾に達した[2]．しかし，2009年は採捕努力量の増加にもかかわらず，曳縄ヨコワの活け込み尾数は隠岐をはじめ太平洋側各海域でも大幅に減少したと推察される．国内養殖クロマグロの出荷量に関する公式統計は未だなく，2009年には1万tに達したとの報告もある[1]．当社では2008年活け込みヨコワが出荷対象となる2010年には1万t程度に達するものの，翌年の出荷量は急減するものと予想している（図9・2）．

国内クロマグロ養殖の生産量は年ごとのヨコワ採捕，活け込み尾数に制限さ

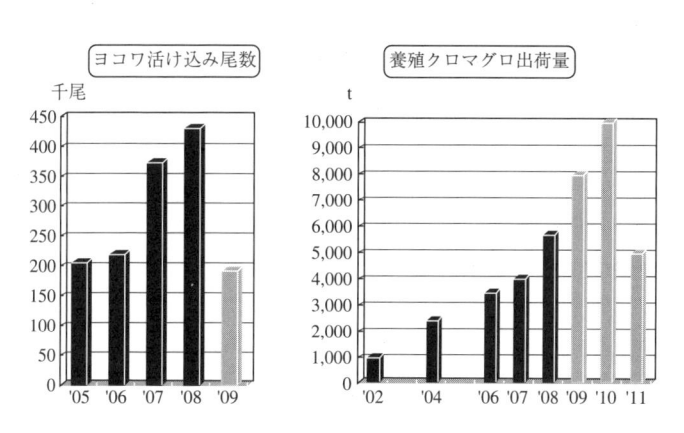

図9・2　ヨコワ活け込み尾数と養殖クロマグロ出荷数推移[1,2]
　　　　黒棒は既報値[1,2]，グレー棒は推定値によった．

れるが，ヨコワ採捕尾数の年ごとの増減（ヨコワの好不漁）の原因は未だ明らかにされていない．国内クロマグロ養殖事業が増大する需要に応えて安定的に発展するためには人工種苗量産化技術を含むヨコワの安定確保体制の確立が急務となっている．

 2) 餌飼料の安定確保

国内クロマグロ養殖の餌料にはイカナゴやサバなどの冷凍魚を解凍し，ラウンドで用いている．活け込み直後のヨコワの餌付けには小型イカナゴを使用する．その後マグロは成長に伴い次第に大型の餌を好むようになるため，イワシ，サンマ，サバなどに切り替えて給餌している．

国内クロマグロ養殖において餌飼料代は生産原価の約50％を占め，餌料魚の価格変動は養殖クロマグロの生産原価を大きく左右する．主要な餌料であるイワシ，サンマ，サバなどの漁獲量は必ずしも安定しておらず，また，長期的には世界的な水産物需要増を背景に食料との競合による一層の価格高騰も予想される．国内クロマグロ養殖がコストダウンして市場の期待に応えるためには保管物流コストを含む餌飼料代の圧縮と給餌作業の省人機械化による労務費の削減を進めなければならない．

代替タンパク質や加工残渣などの活用も視野に入れた作業効率の高いマグロ用配合飼料の開発が待たれる．

 3) 漁場の確保

国内養殖クロマグロはヨコワから出荷までの2.5年間に冬期最低水温が20℃の沖縄・奄美では平均60 kg，冬期水温が13〜15℃まで低下する長崎，高知，三重ほかは35 kgまで成長する．

国内クロマグロ養殖の事業開始初期にはマグロの成長が速い沖縄，奄美大島の海面が利用されてきた．しかし，これらの海域にはマグロ養殖の大型生簀が設置できる十分な水深を備え，かつ台風などの波浪の影響を受けない海面がほとんど残されていないことから，最近ではヨコワ採捕海域に近い長崎，愛媛，三重などで新規のマグロ養殖事業が開始されている．

ブリ，マダイに代表される国内魚類養殖は波浪の影響の少ない内湾浅海漁場に設置した小割筏式生簀を中心に発達してきたが，クロマグロ養殖では浮子式や円型の大型生簀が広く用いられている．

国内養殖クロマグロの好成長と漁場環境の長期保全，大型生簀による生産効率向上のためには温暖で水深の大きな漁場の確保および沖合養殖技術の確立が期待される．

1・2　マルハニチロ水産の取り組み

国内クロマグロ養殖が安定的に発展し，安定供給を求める市場の期待に応えるためには種苗および餌飼料の安定確保と生産性の高い漁場の確保が課題となっている．以下に当社の取り組みを紹介して民間による国内クロマグロ養殖の現状報告とする．

1) 種苗の安定確保（種苗生産）

養殖事業の前提は原魚（種苗）の安定確保である．年ごとの採捕尾数変動の大きい天然ヨコワに原魚を依存する事業では安定生産と経営を維持できない．国内クロマグロ養殖事業の安定的発展と資源保護の観点からもクロマグロ種苗量産化技術の確立を急がねばならない．

クロマグロの種苗生産については，現在，県水産試験場，水産総合研究センター，大学などの公的機関の取り組みと並行して民間でも当社をはじめとする数社が種苗量産化試験の取り組みを始めており，産官学の技術交流も定期的に行われている．

当社はヨコワ量産技術開発を目的として，1987年から奄美大島においてクロマグロ人工孵化試験に取り組んだ．1997年1月に試験中断を決定するまでの10年間を通して養成中の4歳魚以上のクロマグロが生簀内で毎年安定して自然産卵することを明らかにした．また，1996年には全長5〜7 cm の稚魚1,600尾を沖出しした．しかし，ヨコワ量産体制確立にはさらなる大型設備投資が必要であり，民間企業単独での開発は限界と判断して試験を中断した．

その後，2004年にヨコワの安定確保を目指して親魚養成を再開した．2006年には4歳魚（2002年採捕群）が想定通り産卵を開始し，稚魚（5 cm サイズ）3,200尾を沖出しした．この当時は，クロマグロの種苗生産や仔稚魚の発達過程に関心をもつ多くの研究者にとって仔稚魚などの試料入手が難しく，国内のマグロ孵化研究の取り組みは限定的であった．以上から，当社は「クロマグロ健苗育成技術確立の前提となる仔稚魚の消化・免疫機能，栄養要求，形態発育などの基礎的な点は未だ十分に解明されていない」として，2007年に福山大

表9·1　マルハニチロ水産によるクロマグロ健苗育成技術開発研究プロジェクト（所属は開始当初）

1. 研究題目	「クロマグロの健苗育成を目的とした種苗生産技術開発」	
2. 研究期間	第1フェーズ：2007年4月～2010年3月 第2フェーズ：2010年4月～2013年3月	
3. 研究体制	研究統括　　　　草野　孝（マルハニチロ水産）	
	共同研究責任者　伏見　浩（福山大学）	
	共同研究者　青木　宙（東京海洋大院）	有元貴文（東京海洋大）
	川合真一郎（神戸女学院大）	萩原篤志（長崎大院）
	佐藤秀一（東京海洋大）	廣野育生（東京海洋大）
	小谷知也（福山大学）	古西健二（奄美養魚）
4. 研究の目的	健苗育成技術を開発し，資源増殖のための栽培漁業の推進と持続的な養殖業の発展に寄与することを目的とする ①　種苗量産化に必要な基礎資料の解明と技術開発 　・発育過程（形態発達，消化機能・免疫機能，栄養要求）の解明 　・餌料生物培養方法の開発・改善 ②　健苗性の向上（形態学的，遺伝学的評価）と行動特性の解明・飼育方法改善 ③　完全養殖を目的とした人工生産魚の親魚養成と，第二世代種苗の生産	

学をはじめとする各分野の研究者と共同研究「クロマグロの健苗育成を目指した種苗生産技術開発研究」を開始した（表9·1）.

この共同研究は「健苗育成技術を開発し，資源増殖のための栽培漁業の推進と持続的な養殖業の発展に寄与すること」を目的とし，期間（第1フェーズ）を2007年4月～2010年3月とした．各研究者は当社から提供される受精卵，孵化仔稚魚，餌料生物などを試料として仔稚魚の形態発育，消化・免疫機能，栄養要求などの基礎的な分野の解明や餌料生物培養方法の開発と改善に取り組み，研究成果は孵化場での稚魚飼育経過と比較評価された．また，健苗量産技術の早期確立のためにはさらに多くの研究者が参加する議論の高まりが不可欠との判断から，研究成果は各研究者から水産学会などで発表された．

この共同研究によって多くの課題が明らかになった．水槽飼育初期（孵化後12～13日目まで）の沈降死を含む仔魚の大量へい死と成長停滞はタウリン，ドコサヘキサエン酸（DHA）などの体成分の急激な減少に関連があることが疑われ[3,4]，この対策としてタウリン，DHAなどの栄養成分を任意に調整できるワムシ栄養強化剤を開発した[5]．また，孵化後12～13日目以降のハマフ

エフキ孵化仔魚給餌によってクロマグロ仔稚魚のタウリン，DHA 含量が急回復し，仔魚の成長が大幅に改善されることも確認された[*6]．

陸上飼育期間中（孵化〜沖出し）の成長は 2007 年には孵化後 38 日で全長平均 54 mm であったが，2008 年には平均 34.5 日で全長 73.5 mm，2009 年は平均 35.2 日で全長 73.9 mm と改善された．沖出し尾数は 2007 年と 2008 年には各年 9,000 尾以上を確保したが 2009 年には産卵不調（卵質不良）で約 6,500 尾に留まった[*7]．

また，沖出し後の海面生簀飼育では歩留改善を目的に夜間電照などを試みたが，奄美大島の夏期高水温とウイルス病発生や生簀網への衝突死などによるへい死が続いており，沖出し後の歩留り改善は第 2 フェーズへの検討課題となっている．

共同研究の第 2 フェーズは 2010 年 4 月から 3 年間実施することとなった．第 1 フェーズで抽出された課題に取り組みながら，ワムシ給餌期（孵化〜13 日齢）の成長と歩留の改善，初期飼料の開発と沖出し後のウイルス病対策や衝突防止策による歩留り向上を目指す[*8]．また，第 2 フェーズでは完全養殖達成を目標としているが，2010 年 7 月上旬には 2006 年人工孵化群親魚（4 歳魚）が期待通り産卵を開始し，8 月下旬から 10 月上旬までに完全養殖稚魚 18,600 尾（全長 5〜7 cm）の沖出しを完了した．また，2010 年は天然親魚（2005 年採捕群）も順調に産卵したが，陸上飼育施設の制約から天然親魚由来の稚魚沖

[*3] 佐藤秀一ほか：クロマグロ健苗育成技術開発研究—VIII マグロ仔魚の体成分および餌料の化学組成，2008 年 日本水産学会 春季大会（静岡市），講演要旨集，p.134（2008-3）
[*4] 佐藤秀一ほか：クロマグロ健苗育成技術開発研究—13 マグロ仔魚の体成分の経時変化，2009 年 日本水産学会 春季大会（東京），講演要旨集，p.31（2009-3）
[*5] 小谷知也ほか：クロマグロの健苗育成技術開発研究—20．クロマグロ種苗量産技術開発のためのワムシ栄養強化剤の開発—1 強化剤の試作とマダイへの適用，2010 年 日本水産学会 春季大会（藤沢市），講演要旨集，p.88（2010-3）
[*6] 佐藤秀一ほか：クロマグロの健苗育成技術開発研究—23 マグロ仔・稚魚の体成分の経時変化，2010 年 日本水産学会 春季大会（藤沢市），講演要旨集，p.89（2010-3）
[*7] 伏見 浩・草野 孝：クロマグロの健苗育成技術開発研究—27．クロマグロ健苗育成技術開発研究 3 年間の総括と今後の展望，2010 年 日本水産学会 春季大会（藤沢市），講演要旨集，p.90（2010-3）
[*8] 伏見 浩・草野 孝：クロマグロ健苗育成技術開発研究 II-1．第 II フェーズの開始とその目標，2010 年 日本水産学会 秋季大会（京都市），講演要旨集，p.46（2010-9）

出しは 9,600 尾（6 cm）となった．2010 年の稚魚沖出し数は合計 28,200 尾であった．第 2 フェーズでは完全養殖によるヨコワを事業規模で生産することを目標とする．

2）配合飼料の開発

国内クロマグロ養殖に使用されるサバ，イカナゴなどの餌料価格の変動は養殖クロマグロの生産原価を大きく左右する．今後長期的には，世界的な水産物需要増を背景に餌料価格の高騰は避けられないものと考えられる．

冷凍餌料に代わるマグロ用配合飼料が満たすべき条件としてはクロマグロに対する嗜好性が高いこと，単位増肉量当たりの餌料コスト，代替タンパクなどの利用を含め成分調整が可能なこと，給餌作業の効率化および保管物流コストの低減が可能な形状・物性を備えていることなどが考えられる．

当社は，当社関連企業である林兼産業株式会社と共同でマグロ用配合飼料の開発を続け，2006 年 3 月に同社と共同でマグロ用配合使用「ツナフード」の特許を取得して，同年から養殖事業者向けに一般市販している．この飼料はソーセージタイプの配合飼料で柔らかく，マグロに対する嗜好性が極めて高い．また，太さや長さを任意に調整できることからヨコワから成魚までマグロの成長に合わせたサイズを選択することができる．内容成分は任意に調整可能であり，魚粉高騰に対応した配合設計や C/P 比（カロリー／タンパク比），出荷魚の肉質向上を考慮した成分調整などができる．さらに，常温での流通と保管が可能で給餌作業の省人化が容易であり，餌屑やドリップがなく，環境負荷も小さい（図 9・3）．

ツナフードで育成したクロマグロは，すでに当社関連漁場から出荷されており，肉質も高く評価されている．

3）沖合養殖への挑戦

養殖クロマグロの高い成長と漁場環境の長期保全，大型生簀による生産性向上を実現するためには温暖で水深の深い漁場の確保が期待される．水深の深い漁場の多くは外洋性の波浪の影響を強く受け，従来型の養殖施設では生簀網や在池魚などの事業資産を保全できない．また，給餌や出荷取揚げなどの日常作業は従来漁場では想定できない波浪の中で実施することになるが，外洋性の波浪の中で迅速な作業性をもつ作業船の仕様と配置すべき作業船数を慎重に検討

する必要がある．

当社は，三重県においてこれまで台風などの波浪が強く魚類養殖が難しいとされていた海面に浮子式大割網（80×48 m）を設置してクロマグロ養殖を行っており，生簀網などの漁具強度を増強すると同時に大型作業船を導入して生簀破網などの事故防止に努めている．

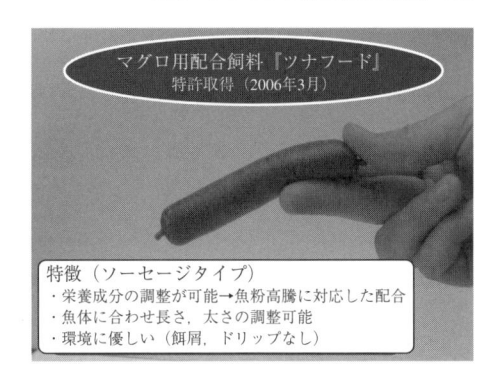

図9·3　マグロ用配合飼料「ツナフード」

養殖事業の経営継続は，当然，収益の確保が前提である．外洋環境における養殖事業の経営には多大な設備投資に伴う償却費負担増による収支圧迫と台風などによる資産の破損や流出のリスクが考慮されねばならない．外洋性漁場を利用したマグロ養殖についてはマリノフォーラム 21 でも実証試験が進められており，漁具強度や生簀係留方法および給餌を含む作業管理などに関する今後の成果にも期待したい．

外洋養殖の経営基盤を維持し，経営の安定を期すためには台風などの被害リスクに対応する共済制度の一層の充実が期待される．また，外洋養殖の区画免許取得についても地元漁業協同組合や他漁業との間に調整すべき課題が多い．

1·3　最後に：民間の立場から

わが国における海産魚の種苗量産技術開発は 1970 年代初めに取り組みが本格化した．その後一貫して各県水産試験場や日本栽培漁業協会（現：独立行政法人水産総合研究センター），大学などの公的研究機関による研究成果が民間種苗生産業者に技術移転され，産官学が役割を分担して量産技術を開発，事業化しながら発展してきた．今日では，このようにして確立された種苗量産技術によってマダイ，トラフグ，シマアジ，ヒラメなどの主要養殖魚の稚魚の概ね 100％が民間種苗生産業者から供給され，海産魚類養殖業の安定生産に大きな役割を果たしている．

わが国のクロマグロ種苗生産研究は，これまで公的研究機関や大学などが中心となって進められてきた．最近では大手水産資本や飼料メーカー，個人養殖

企業などの民間企業も種苗生産研究に着手している．さらに，産官学の技術交流も定期的に行われて種苗量産化技術確立への期待は高まりつつある．

一方，資源管理強化の議論の高まりのなかでクロマグロ種苗生産技術開発は世界的な関心事となり，知的財産の管理や特許問題が大きく取り上げられるようになったが，公的資金を背景とする研究機関の研究成果に関する知的財産管理のあり方については未だ明確な指針が示されていない．

クロマグロの種苗生産に関して海外を含む研究機関による特許争奪戦が想定されるとすれば，今後の国内クロマグロ養殖の健全な発展を期すためにも国内で開発された種苗生産技術を防衛する目的の特許は先行取得して保護されるべきと考える．その一方で，公的資金を背景として取得された特許が今後の国内民間企業によるクロマグロ種苗量産化試験の取り組みを制限することがないよう期待したい．クロマグロ種苗量産技術の早期確立と事業化を図るためには知的財産管理を含む産官学の共同に向けた一層の議論が必要と考える．

§2. クロマグロ養殖事業の展開－日本水産

2・1 世界の養殖生産の動向とクロマグロ養殖

FAO が発表した 1998 年から 2007 年までの世界の養殖生産量は，1998 年の 3,500 万 t から 2007 年の 6,500 万 t まで年率 9％の勢いで伸びている（図9・4）．要因として世界的な人口増加や健康食品ブームによる魚食人気の向上にあると思われる．特に中国を中心としたアジアや欧米社会での消費拡大が影響しているだろう．

養殖生産水域ごとの生産量は，2007 年では海水域における生産量が約 3,500 万 t，淡水域での生産量は約 2,800 万 t であり，両者ともほぼ同じような割合で生産量が伸びてきている[3]．

2009 年の世界のクロマグロ養殖生産量は，約 3 万 t（日本水産株式会社（以下当社と記す）集

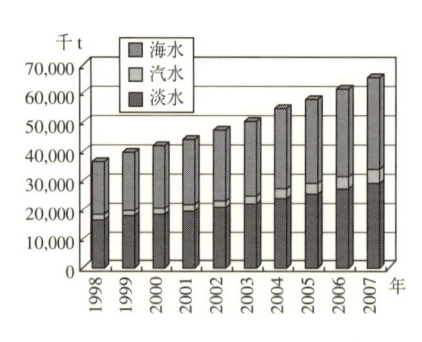

図9・4　世界の養殖生産量の推移[3]

計）と推計される．世界の海産魚の養殖生産量からすると 0.08 % 程度の生産量であり，数量的には微々たるものであるが，世界的に需要が大きい貴重な水産物であり今後のさらなる養殖生産量の拡大が期待される．

日本の漁獲量は一時期 1,000 万 t 以上あったが，多獲性魚種の減少により 2000 年には 509 万 t となった．2009 年にはさらに 419 万 t となり，

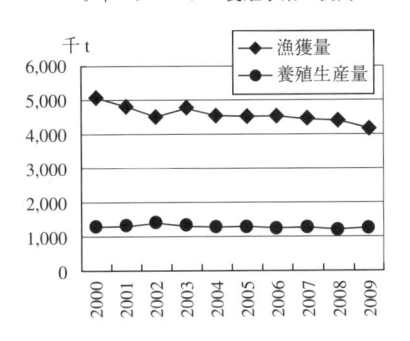

図 9·5　日本の漁業生産量と養殖生産量の推移[4]

年率 1.8 % の割合で減少している．一方，養殖生産量は 2000 年には 129 万 t であったが，2009 年は 124 万 t とわずかな減少である（図 9·5）．養殖業は生産量が不安定である漁業と比較し安定した生産が行われている．海産養殖魚の水産物に占める割合は，2009 年は 26 万 t であり全体の 22 % を占める[5]．

2009 年の日本のクロマグロ養殖生産量は約 9,000 t（当社集計）と試算されるので，日本の総養殖生産量の 0.7 %，日本の魚類養殖生産量に対し 3.4 % の生産シェアーを占めている．世界におけるクロマグロの養殖生産量と比較すると生産割合は高く，国内では人気のある養殖生産物であると判断される．

2·2　クロマグロ養殖における持続性の確保

クロマグロの養殖に用いる種苗は現在のところ，ほとんど天然種苗に頼っている．またクロマグロの餌は，サバ類，イワシ類などの多獲性魚が主体である．クロマグロ養殖の持続性を維持するためには，クロマグロの人工種苗の安定供給とその餌となる飼餌料の人工配合飼料化が，大きなポイントである．ここでは，当社のクロマグロ養殖への取り組みについて紹介する．

1）クロマグロ人工種苗生産の取り組み

現在の日本のクロマグロ養殖は，大部分の種苗を釣りヨコワや旋網で混獲される天然種苗に依存している．一方，世界的にマグロ資源の急速な減少が問題とされ，国際的にクロマグロ漁獲規制や貿易量の制限が強く叫ばれている．クロマグロの資源量は，今後，思い切った資源保護の手が打たれることなく，このままの状態で推移すれば，枯渇が将来予想される．したがって，クロマグロ

図 9·6 大分海洋研究センターで生産されたマグロ人工種苗（全長 5 cm）（当社提供）

養殖の持続性を維持するためには，一日も早いクロマグロの人工種苗の安定供給が待たれる．

当社も，このような背景の下に 2005 年にクロマグロ養殖事業に参入した．大分海洋研究センター（佐伯市鶴見）では，クロマグロの種苗生産研究を 2006 年に開始し，2007 年に人工種苗の作出に初めて成功した（図 9·6）．しかし，孵化仔魚から 40～50 mm サイズまでの生残率は，低い水準で推移している．現在の当センターの設備では，生産技術開発に限界があると判断し，2009 年 7 月に和歌山県串本町大島にクロマグロ種苗生産専門の実験場を建設し，本格的な人工種苗生産技術の開発を開始した．現在自社のクロマグロ養殖のための人工種苗の安定供給を目指し，飼育実験を精力的に続けている．

クロマグロの種苗生産の問題点として，生まれた直後の仔魚は，他の魚類と比較して，物理的な刺激に脆弱であり，大きな初期減耗があることである．また，遊泳力が増す稚魚期以降では，共食いや水槽壁面での衝突による減耗が観察されている[6,7]．今後，人工種苗の安定供給では，この仔稚魚期において減耗を抑制する技術の開発が必要であり，他の研究機関と連携しながら，生残率の向上を図っていきたい．

2）クロマグロ用人工配合飼料開発の取り組み

魚粉，魚油の原料となる世界の多獲性魚の漁獲は，北米産，ロシア産のスケトウダラを除いて，ペルー産のアンチョビー，チリ産のアジ，日本産のイワシなど，いずれの資源も漁獲量が減少傾向にある（図 9·7）．このことは，多獲性魚の魚粉，魚油に頼る養殖産業の将来は非常に厳しいものであることを示している．

クロマグロは，1 kg 成長するのに 10～15 kg ぐらいの大量の生餌を必要とし

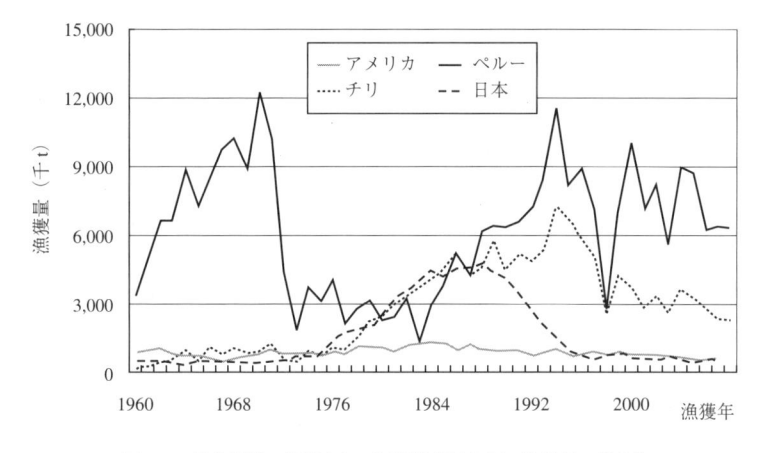

図9・7 養殖飼料に使用される国別多獲性魚類の漁獲量の推移[8]

ており，多獲性魚の生産量の多寡は，生産コストに大きく影響する[7,9]．そのために安定的に供給可能で品質が均一な人工配合飼料の開発が嘱望されている．人工配合飼料の開発により，まずクロマグロの生産価格の安定化が期待され，生産量の拡大も容易になる．また生餌相場の急激な変動による生産コストの影響も回避することが可能になる．さらに漁場汚染の防止や飼餌料の保管や給餌そのものも容易になると予想される．

当社では，従来よりマダイ，ブリなどの人工飼料開発，生産，販売に取り組んできた．これらのノウハウを生かして，クロマグロ用の人工配合飼料の開発を加速していきたい．

2・3 沖合養殖漁場の開発

日本のクロマグロ養殖生産量を今後さらに増産するには，好適な養殖生産場を確保する必要がある．現在，国内では波静かで安全な内湾の養殖場はもはや飽和状態にあり，新たに漁場を設けるには，既存の他魚種の養殖場を転用するかリスクの高い沖合養殖場の開発が必要となる．

当社では，沖合に漁場を開発するために台風や強い波浪に耐える浮沈式生簀や自動給餌船の開発に取り組んでいる．現在開発中の沖合生簀と自動給餌船の模式図（図9・8）と係留中の写真（図9・9）を示した．このシステムは，沖合に係留した給餌船（約200トン）から自動的に給餌し，カメラなどで摂餌状態を

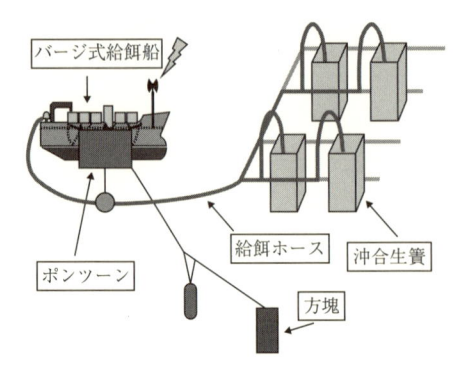

図 9·8　沖合養殖の設備概念図
沖合給餌機と沈下生簀との関係.

図 9·9　沖合養殖場における沖合給餌船（写真手前左）と沖合生簀（写真奥水面下）（志布志湾）

把握しながら給餌していくシステムであり，無駄のない給餌と省力化が図れる．

また，沖合漁場であり，海流が強く水質環境が良いことから，養殖場の自家汚染も軽減され順調なクロマグロの生育が期待される．ただし，高い波高や強風に耐えることが必要とされ強固な施設が要求されることからイニシャルコストがかかる欠点もある．いずれにしてもクロマグロの養殖における安定生産には，このような沖合養殖システムの開発が重要であり，今後増産可能なシステム構築に向けて検討が必要である．

日本におけるクロマグロ養殖事業の展望について述べたが，重要なポイントは持続的にクロマグロ養殖事業を行うためには，人工種苗の大量生産，人工配合飼料の開発および生産量を拡大していくための沖合養殖漁場の開発が必要である．いずれの技術開発も，今世界の養殖先進国は注目し，精力的に開発が進められていることから，5年以内には，それぞれの技術がかなりのレベルまで実現されていくものと思われる．

文　献

1) みなと新聞. 世界まぐろマップ（グラビア）. 2010 年 11 月 25 日発行.

2) 水産庁. 太平洋クロマグロの漁獲量等について. 第 4 回我が国周辺クロマグロの利用

に関する検討会資料 1. 2009.
3) FAO. Data Book 2007.
4) 水産庁.「水産統計」2010.
5) 澤田好史, 熊井英水.「クロマグロ, 最新海産魚の養殖」(熊井英水編) 湊文社, 2000; 212-216
6) 升間主計. 水産総合研究センター (旧日本栽培漁業協会) によるクロマグロ栽培漁業技術の開発. 水産技術 2008; 1 (1): 21-36
7) 財団法人日本水産油脂協会.「水産油脂統計年鑑 (2009)」2010.
8) 宮下 盛. クロマグロの種苗生産に関する研究. 近畿大学水産研究所報告 2002; 8: 1-171.

10章　クロマグロ養殖業の現状と課題

小 野 征 一 郎[*1]

　クロマグロ養殖業は，①2010年3月のワシントン条約締約国会合におけるモナコ提案（周知のように否決された），および②2007年のリーマンショックによる深刻な不況により，供給，すなわち生産サイドおよび，需要，すなわち消費サイドの両面から転機を迎えている．①は地中海諸国を中心に2003年をピークとする養殖生産量の急増が，クロマグロ未成魚の過剰漁獲をひき起こしたことに起因し，②はとりわけ最大のクロマグロ消費国・日本において，需要低迷を招くことが危惧される．

　以下では§1．において世界および日本のマグロ養殖業の現況を説明しよう．§2．においてはマグロ養殖業の国際比較ならびに，魚類養殖業の国内比較をマグロとブリ・マダイにより試みる．両者を通じて国際的には有利な経営条件－コスト・品質・立地条件－にある日本のマグロ養殖業が比較優位にあり，国内的にはプロダクト・ライフ・サイクルにおいて衰退期もしくは陳腐化期にあるブリ・マダイ養殖業に比して，なお成長期または競争期にあるマグロ養殖業が急成長をとげていることが確認できよう．

　とはいえ，マグロ養殖業は多くの課題をはらんでおり，§3．において①の反面である人工種苗の産業的量産化および，初発から企業経営を経済的基軸とするマグロ養殖業の漁場利用関係，特に漁業制度のあり方を検討しよう．

　魚類養殖業の基軸がいまや企業経営にある[1,2]とはいえ，魚類に限らず養殖業は元来，家族経営つまり漁家を出発点とし，平等主義的漁場利用を基本とする沿岸地区漁協に免許された特定区画漁業権が，漁家経営を政策的・制度的に支持してきた[1]．もちろんマグロ養殖業にも漁家が存在するが，そこでは漁協が平等主義的漁場利用を基本とすることは，漁場面積からもまた経営的・資金的にも現実には不可能である．

[*1]　近畿大学水産研究所

以上の技術的・政策的課題を踏まえて，従来の魚類養殖業の過当競争的体質に基づく長期的経営低迷（養殖業種の多くに妥当する）をイノベーション，すなわち「技術革新」によってどう突破していくかを§4．において展望しよう．②は成長路線をひた走ってきた日本のマグロ養殖業に転機を画するかもしれない．

§1．マグロ養殖業の現状
1・1 世界

高価格マグロの代表であるクロマグロは，2008年におよそ世界全体の漁獲量5万7,000 t・養殖生産量2万8,000 tと推計されており，合計8万5,000 tのうち5割を超える4万9,000 t（漁獲量2万1,000 t・養殖量6,000 t・輸入量2万2,000 t：輸入量を除き原魚換算）が日本に供給される[3,4]．

ミナミマグロを含む養殖マグロの日本の輸入量を表10・1に掲げた．この11ヶ国は養殖以外の漁船漁業のマグロ漁獲が少なく，またこれを除く養殖国からの輸入もほとんどない．オーストラリアがトップで，マルタ，スペインが続く．生鮮は航空貨物で輸入され，主要国ではメキシコを除き冷凍が中心である．冷凍ではオーストラリア以外，フィレが大部分を占める．養殖マグロには国内・国外ともに貿易統計を除き公式データがほとんどなく，推計値に頼らざるをえない．以下の叙述においても，細部にズレがありうることをお断りしておきたい．

マグロ養殖業は太平洋クロマグロ（*Thunus orientalis*）を対象とする日本・メキシコ，同様に大西洋クロマグロ（*T. thynnus*）の地中海諸国，ミナミマグロ（*T. maccoyii*）のオーストラリアの3地域において成立している．いずれも天然種苗に依存するが，曳縄釣りによる100〜500 gの稚魚を2年で約25〜30 kg, 3年で約50〜60 kgに飼育する日本に対して，海外諸国は未成魚，あるいは産卵後のやせた成魚を2〜6ヶ月飼育する．

1990年代に始まるスペイン・オーストラリアの養殖は，曳航生簀の技術開発－オーストラリア方式－により原魚（幼魚）確保が安定化する．1990年代にスペインの試験養殖が始まり，1997年までは世界の生産量が5,000 tを超えず，オーストラリアが供給を独占していた．その後地中海諸国に対する技術移転が進み，日本企業の海外投資が活発化し，1999年には1万tを突破する．

表10·1 クロマグロ・ミナミマグロの養殖生産および日本の輸入（2008年）[5,6]

	養殖生産			輸入（単位：t）			
	生産量(t)	社数	地域	合計	フィレ・冷凍	冷凍	生鮮
スペイン	1,300	6	カルタヘーナ	3,871	1,782	1,524	565
チュニジア	3,000	3		1,805	1,358	305	142
イタリア	1,600	6	シチリア島	1,787	1,005	598	184
クロアチア	3,500	6		1,247	1,037	197	13
マルタ	5,000	5		4,344	4,098	208	38
トルコ	3,000	5	イズミール	2,280	2,038	138	104
キプロス	800	1		654	635	18	0.8
ギリシャ	550	1		400	324	36	40
リビア	0	0		190	129	48	13
地中海計	18,750	33		17,713	12,406	3,123	1,102
メキシコ	3,000	5	エンセナダ	2,388		868	1,520
オーストラリア	8,000	9	ポートリンカーン	7,011		5,949	1,062
合計	29,750	47		27,112	13,488	9,940	3,684

注（1）養殖生産：活け込みベース，輸入：地中海計にはモロッコ1,134（フィレ・冷凍1,082，冷凍51，生鮮0.9），アルジェリア0.7（計・生鮮）を含む．リビアは03～06年に養殖生産がある．

　2001年までと2002年以降とはデータの出所が異なり断層があるが（図10·1），2002年にオーストラリアを上回った地中海諸国が生産を激増させ，2003年に世界のピークである3万7,000 t を記録する．国別にはスペインが最大の養殖国であった．表10·1には国別に中心地域，社数を示したが，どの地域にも日本から大手水産企業，大手・中小の流通企業が進出し，合弁投資により養殖企業を組みこんだ開発輸入，あるいは前渡金の融資などによる買付輸入を行っている．

　生産上昇を続けてきたマグロ養殖業は，2003・04年に価格が急落し，また2004年からクロマグロに対する資源的規制が強まり，国際的な再編期を迎えている[9]．2004年の減少後，2005年にもち直し横ばいが続いていたが，2009年には3万tそこそこに低下した．地中海諸国はより激しく，2004～08年の1万7,000～2万1,000 t 水準から，2009年一挙に1万1,000 t に急落する．オーストラリアはミナミマグロ保存委員会（Commission for the Conservation of Southern

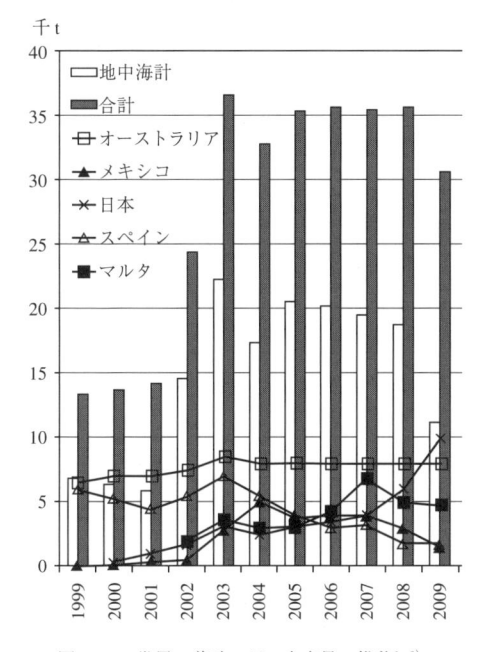

図 10・1　世界の養殖マグロ生産量の推移[6-8]

Bluefin Tuna：CCSBT）の割当量がほぼ一定（2007〜09 年：5,265 t）で生産量に変化がなく，メキシコはもともと変動幅が大きく不安定，その結果地中海諸国の減少を埋めているのが日本である．2009 年の1万 t はオーストラリアを抜き，ついに世界のトップにたった．

地中海諸国のなかで生産量 No. 1 を続けてきた先発国スペイン，それに続いていたクロアチアが後退する．スペインの2大養殖企業であるリカルド（Group Ricard Fuentes：スペイン資本 51％，日本資本 49％の合弁企業，マルハニチロ・三井物産・三菱商事が出資する）とアンタルバ（Group Antalba）は，生簀および生産能力を，資源枯渇によりバレアレス諸島周辺などの伝統的漁場から，地中海東端の産卵海域へ移し，後発国が台頭したのである（表 10・1）．同時に中小規模養殖企業の統廃合が進んでいる．

漁獲枠削減の詳細は別章にゆずるが，クロマグロ・ミナミマグロは国際規制の厳しい順に，ICCAT → CCSBT → WCPFC と並ぶ．ICCAT では，養殖種苗を

表 10・2　クロマグロ養殖業の地域別特徴（2008 年）[10, 11]

	養殖県					複合県				種苗県		計
	鹿児島	沖縄	京都	山口	長崎	三重	和歌山	高知	愛媛	島根	鳥取	
養殖量（t）	3,200	400	150	80	850	700	200	150	?	—	—	5,730
活込尾数（尾）	102,575	13,200	150	3,000	97,726	40,053	12,456	24,959	37,852	—	—	431,791
種苗漁獲尾数（尾）	3,544	—	—	—	62,057	46,103	4,939	124,959	18,056	118,780	33,245	419,782
マグロ養殖業を主とする（営んだ）経営体数	7 (10)	1 (1)	1 (1)	1 (1)	20 (38)	2 (4)	2 (4)	2 (2)	2 (6)	—	—	38 (68)

注（1）主とする：マグロ養殖業を専業とするか，またはその金額が他の漁業・養殖業種よりも多い経営体．
　　　営んだ：マグロの養殖業を営むが，他の業種の金額よりも少ない経営体．

対象とする旋網漁期の短縮の影響が大きく，漁獲量が削減された 2009 年の原魚捕獲量は約 7,800 t, 2008 年の半減にとどまり生産量が急減した．2009 年も漁期が 2 ヶ月から 1 ヶ月へ短縮された．ICCAT では厳しい漁獲規制の旗振り役を務める日本が，遠洋漁業国として共通に位置づけられる CCSBT では，過剰漁獲の張本人としてペナルティを受ける．消費国としての責任を日本はしばしば問われているが，まったく同等に生産国としての責任を，地中海諸国もまたひき受けなければならないことはいうまでもない．

1・2　日本

世界の養殖マグロ生産が停滞もしくは減少していた 2007〜09 年，日本は先頭をきった大手資本ばかりではなく，中小資本さらには上層漁家までもがマグロ養殖業に参入し，ジリジリと生産量を伸ばしてきた．台湾東部海域で産卵・孵化したクロマグロ仔魚は，対馬海流および黒潮にのって北上する．地域的には種苗採取を主とする種苗県，種苗を他県から購入する養殖県，両者を兼ねる複合県に区分できる（表 10・2）．主に 7〜9 月に天然種苗を漁獲する漁船漁家と種苗を購入する養殖業者とは分業関係にある．漁家にとってマグロ稚魚は夏枯れ時の収入として貴重である．

2008 年生産量約 6,000 t のうち鹿児島が半ばを超え，県が音頭をとり，マグロ養殖業により地域振興を企図する長崎が次ぐ[12]．またマダイ養殖県の No. 1 である愛媛では，民間主導によりマグロ養殖業への転換が進んでいる．鹿児島は主産地である奄美にマルハニチロ・日本水産の系列企業が拠点を築き，長崎には 2009 年，対馬に東洋冷蔵が，松浦に双日が新規参入した．ともに天然・

養殖マグロの有数の輸入商社が，マグロ養殖生産に本格的に進出したのである．宇和海においては生産組合および LLP（有限責任事業組合：Limited Liability Partnership）方式により，養殖魚の産地仲買商が養殖業者を組織し，食肉最大手の日本ハムが販売を担当する．

漁業外の異業種から大手資本が新規参入し，漁業内からも大手水産会社のみならず，在地有力魚類養殖企業，さらには一部の上層漁家も既存養殖業から転換または参入を果たしている．とりわけ長崎ではマグロ養殖業の36経営体（センサスでは38）のうち，20が経営規模的に漁家の最上層に属すると思われる．国際的にはクロマグロ・ミナミマグロの漁獲規制が強まったことを追い風として，国内的には後述するようにブリ・マダイ養殖業の長期的経営不振から，マグロ養殖業に対する参入・転換が加速されたのである．

「構造不況業種」と称される水産業に内外から資本投下が集中することは，バブル期以降，皆無といってよかろう．マグロ養殖業は大手資本のみならず漁家をもまきこみ，漁村振興の一環として，まさに社会経済的に技術革新として展開しようとしている．

§2. 国際・国内比較
2・1　国際比較－生産原価・販売原価

養殖クロマグロは市場外取引を主体とするが，ここでは販売価格の判明する，中央卸売市場の生鮮形態による生産原価・販売原価を比較しよう[*2]．日本は生鮮出荷を専らとし，輸入はメキシコを除き冷凍中心であることを前述した．日本と外国では養殖方法が異なるが，種苗費・飼料費の合計では，日本と地中海諸国がともに約1,500円，オーストラリア＝930〜1,040円，メキシコ＝870〜920円と両国は問題なく日本より低コストである．その他では日本の人件費が外国の2倍以上に達し，生産原価は日本が最高位である（表10・3）．

しかし販売経費を含む販売原価では地中海諸国を逆転する．それは輸送費の相違が大きい．輸送は航空機を利用するが，そのコストは地中海諸国＝900円に対し，オーストラリア＝400〜500円，メキシコ＝250円，日本＝180円の格

[*2]　山本尚俊[13]を参照（表10・4, 136ページ）．やや数字に異同があるが，日本の優位は変わらない．

表10・3　養殖マグロの生産原価・販売原価・販売価格（生鮮, 円/kg）[14]

年	日本 2006	地中海諸国 2005	オーストラリア 2005	メキシコ 2005
種苗費	310	950～1,000	690～790	620～670
餌料費	1,200	500	240～250	250
その他（人件費等）	1,100	500	440～450	400～410
生産原価（ラウンド）	2,610	2,000	1,500	1,300
販売経費（輸送費等）	360	1,280～1,340	690～900	490～580
販売原価（製品）	3,136	3,632～3,840	2,200～2,500	1,860～2,000
販売価格	3,362	3,200～3,400	2,000～2,100	2,000～2,100

注（1）生産原価：ラウンド，販売原価：製品を示す．

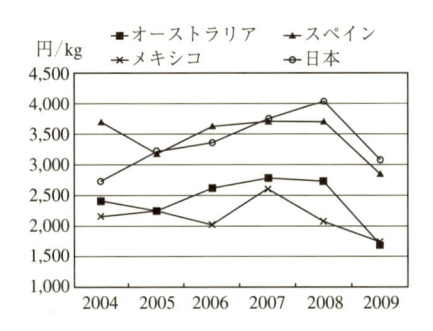

図10・2　主要国の養殖クロマグロ価格（築地，生鮮，2009年）[15]

差がある．

　中央卸売市場の販売価格は高水準の日本・スペインが3,000～3,500円，低水準のオーストラリア・メキシコが2,000～2,700円，マルタ・トルコ・チュニジアなどが両者の中間にある（図10・2）．輸入の約6割を占める地中海諸国（表10・1）では価格最上位のスペインでも採算が容易ではなく，メキシコ・オーストラリアも赤字，もしくはわずかの黒字にとどまる．

　地中海諸国は数量・金額ともに日本市場の過半を占める最大の供給者であり，高価格を形成し日本のマグロ養殖業の直接的競合相手であった．しかし，現行の価格水準ではコスト的に苦しい．またオーストラリア・メキシコは低価

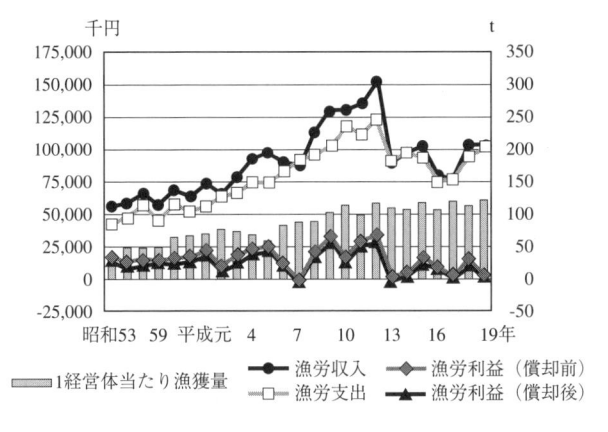

図 10・3 ブリ養殖業の漁労収支[16]

格帯にあるが，同じ養殖物とはいえ，オーストラリアのミナミマグロは品質的にクロマグロの代替財に位置づけられ，強いコスト競争力をもつ新興国メキシコは，赤潮・青潮がしばしば発生し漁場条件が劣ることが指摘できよう．

2・2 国内比較－ブリ・マダイ養殖業からの転換

日本のマグロ養殖業が相応の利益を計上し，最大の供給者である地中海諸国に対して充分な競争力をもつことを確かめたが，国内の魚類養殖業，とりわけブリ・マダイ養殖業が長期的な価格低迷・経営不振に苦しんでいることは周知の通りである．図 10・3 によれば 21 世紀に入りブリ養殖業の漁労収支が急降下し，償却後の漁労利益はゼロもしくはかろうじて黒字であることがうかがえよう．販売・管理部門を含む経常収支がほぼ赤字であることは間違いない．その結果，経営不振のブリ・マダイ養殖業から高収益のマグロ養殖業への転換が続出しているのである．

2008 年センサスによれば（表 10・4），マグロ養殖業では会社経営が最多，個人は 3 割未満にとどまる．マグロを除く養殖業種のなかでは会社の比重が高いブリでも 4 割に達せず，マダイでは 8 割近くが個人経営である．その多くは家族経営と見なせるが，販売金額規模をみると 5,000 万円未満がブリでは 228 経営体，マダイでは 440 経営体を数え，モード（最頻値）はブリが 5,000 万～1 億円，マダイが 2,000～5,000 万円である．一方マグロは 1～2 億円の 10 経営体

表10·4 魚類養殖業の概要 (2008年)[11, 17]

		マグロ	ブリ	マダイ
生産量 (百 t)		60	1,583	710
金額 (億円)		115	1,174	582
価格 (円/kg)		3,300	757	819
経営体数	主とする	38	839	753
	営んだ	68	1,007	1,105
売上規模	～2,000万円	4 (10)	103 (10)	205 (25)
	～5,000万円	3 (7)	125 (14)	235 (31)
	～1億円	4 (10)	266 (31)	154 (20)
	～2億円	10 (26)	191 (22)	84 (11)
	～5億円	5 (13)	110 (13)	56 (7)
	～10億円	9 (23)	24 (2)	14 (1)
	10億円～	3 (7)	20 (2)	5 (0.6)

注 (1) ( )：主とする経営体数・計に対する% (切捨).
(2) ブリ類・マダイの生産量は速報値 (2008年), 金額・価格は2006年.
(3) マグロの金額：単価を3,300円として生産量6,000tに掛けた.
(4) 主とする・営んだ：表10·2参照.

と5～10億円の9経営体の双峰をもち, 全般に金額が大きい. 出荷先の中心はブリが漁協, マダイが漁協と流通・加工業者, マグロが卸売市場と流通・加工業者, 3者3様に見えるが, マグロの系統出荷はわずかである. マグロ養殖業は生産金額が100億円を突破し (2006年), フグを抜きブリ・マダイに次ぐ地位に到達している.

§3. マグロ養殖業の課題

3·1 概観

出荷サイズが3～7 kg (ブリ), 1～1.5 kg (マダイ) の他魚種に比べ, 超巨大 (30～50 kg) であるマグロは, 広い養殖海域と多量の餌料を必要とする. 生簀設備などの固定資本投資, 給餌の運転資本投資を合計すると少なくとも1億円以上を要し, そのうえ台風・大雨・濁水などの被害をうけやすい. 後者には漁業共済制度が適用されることになったが, 漁場・種苗・餌料を安定的に確保

し，相当額の投資を行わなければならない．

ブリ・マダイの養殖生簀が1辺10 mの方形を基本とするのに対し，マグロ生簀は直径30 mの円形が多く，ブリ・マダイの7倍に及ぶ（$15^2 \times 3.14 = 706.5$）．多額の資金規模と大規模漁場が出発点であるが，それはマグロ養殖業が，従来の漁業・養殖業の直接的な延長上では成立しにくいことを物語る．

以下では天然クロマグロの過剰漁獲に直接影響する種苗・餌料の技術的課題をまずとりあげ，ついで養殖漁場の問題を漁場利用制度をめぐる政策的課題として検討しよう．最後に需給動向とかかわらしめ，イノベーションに向けて展望を試み，本章を締めくくっておきたい．

3・2 人工種苗の産業的量産化－技術的課題

天然種苗は好不漁の波が大きく養殖生産の不安定要因であり，この点からも人工種苗の開発が焦眉の課題である．またすでに部分的に使われているが，種苗用の配合飼料の開発が待たれる．人工種苗の研究の最先端をリードする近畿大学水産研究所においては（表10・5，表10・6），奄美事業場が2004年から人工種苗の使用を始め，2006・2007年はその使用が天然種苗を上回り，2008年もほぼ同数である．2008年には，天然種苗の購入時期が遅れ特に高価格になったが，2002～08年の漁協からの買い取り価格は，1,800円／尾から2,600円／尾に毎年上昇している．人工種苗の内部取引価格を5,000円と定め，大島から奄美までの輸送中の生残率が94％（2008年），成長速度は天然と大差がなく，死亡率が心持ち高い程度である．

2009年には4万尾以上の稚魚（200 g～1 kg）の量産に近大・大島事業場は成功した．陸上施設で孵化・育成された全長約6 cmの稚魚は，直径30 mの海上生簀に沖出しされるが，沖出し稚魚が2008年の4万9,000尾から19万尾に飛躍した．沖出しサイズの生残率は従来の2～3％から，6％程度に向上し，過去最多を記録した2008年度の4倍となった．9月中から国内の4養殖業者に各2,300～2,800尾，その他をあわせ合計2万1,300尾を出荷し，最終的には約3万2,400尾を見込んだ．価格は1尾7,000円見当，輸送中および養殖過程の生残率は9割をこえ順調である．また沖出し以前の陸上飼育の稚魚（2～3 g・28日齢）をトラック輸送し，海上生簀で育てることも試みている．もしこれが成功すれば，種苗生産の画期的な技術進歩となろう．2009年度の成果は，

表10・5 人工種苗の使用[18]

	2008年	
合計	2,408	単価（円／尾）
人工	1,201	5,000
天然	1,207	2,600

表10・6 人工種苗の生産・販売[18]

	2008年	2009年
沖出しサイズの生残数	49,001	190,143
幼魚までの生残数	約10,000	40,517
幼魚の販売数	5,887	32,400

クロマグロ人工種苗の産業的量産化にむけて着実な第一歩を踏み出したと評価できよう．

　近畿大学によるクロマグロ完全養殖の成功以後，大手水産会社を筆頭に独立行政法人・県など多くの企業・研究機関が人工種苗生産技術の開発に傾注している．近畿大学と2008年9月学術協定を締結し共同研究を始めた，オーストラリア最大級の養殖企業ステアグループは，2009年7月，世界初のミナミマグロの種苗生産（人工孵化後，約40尾の稚魚が250gに成長）に成功した．のみならず生エサにかわり，マルハグループ・林兼産業の開発したマグロ用配合飼料ツナフードの給餌試験を沖出し後の稚魚に継続し，好成績を収めている（9章）．

3・3　養殖漁場－政策的課題

　戦前以来の伝統をもつノリ・カキ・真珠とは異なり，魚類養殖業は高度成長期以降本格化した．それでも40～50年の歴史をもち，内湾で潮通しのよい漁場はすでに，ブリ・マダイ・トラフグ，あるいは真珠といった既存養殖業種によって占められている．

　マグロは一般に密集した群をつくらず，成魚1尾を飼育するのに3m^{2}の広さを必要とし，他魚種のように密殖できない．また自然条件として，水深（およそ20m以上），潮流（1ノット前後），充分な溶存酸素，ある程度水温が高いことに加え，外洋からの波浪の影響が少ない，淡水・泥水・流木などのゴミ

の流入を引き起こす河川が近くにない,ことが挙げられる.また光に対してパニックを起こすので周辺に道路・航路がないことが望ましい.

現在のマグロ漁場の多くは,水温の関係から三重県以南において,なお未利用・未開拓であった離島・過疎地に立地するか,ブリ・マダイ漁場から転換している.通常,内部事情に通じている漁協組合員は初期投資が可能であれば,既存の区画漁業権のなかで空き漁場を統合して広域漁場を確保し,漁協内で転換することを企図しよう.池入れ3ヶ月以降の歩留まりがよく,クロマグロ価格は相対的に高位である.しかし外部からの新規参入者にとっては,漁場へのアクセスは必ずしも容易ではない.地域情報を入手し,受入漁協・漁場を探し漁場行使料を確かめなければならない.後発であるマグロ養殖業の立地条件は全般に恵まれているとはいえない.多くのマグロ漁場は餌料の購入・成魚の販売に不利な遠隔地または交通不便な地域に立地し,天然種苗の購入にもあまり適していない.

人工種苗および配合飼料の開発が技術的課題であるとすれば,クロマグロ養殖業にとって大規模面積の養殖漁場確保は,漁場利用制度,すなわち漁業権にかかわる政策的課題である.漁業権漁場については特定区画漁業権を占有する沿海地区漁協が,「漁業調整機構の運用によって水面を総合的に利用し,もって漁業生産力を発展させ」(漁業法第1条)ることが期待されている.新規参入にあたっては,地元と共存関係を築くことが不可欠であり,長崎県がそのモデルケースである.また沖合域を養殖漁場として利用することが,アメリカ・韓国ではすでに試みられ,日本でも技術開発に着手した[19,20].養殖施設の設計が課題であり,政策的には,漁場を占有する養殖業と既存の漁場利用者である漁船漁業との利害関係をどう調整するかがカギとなろう.

§4. イノベーションに向けて

前述したようにクロマグロの2008年国内供給量4万9,000 tのうち,国内養殖業6,000 t,輸入2万2,000 t,輸入のなかで1万7,000 tを占めた地中海諸国は,ICCATの規制により養殖生産量が2009年には1万1,000 t前後に低落した(図10・1).今後,メキシコが急増するとは思われないので,また品質的に代替財であるミナミマグロも,天然・養殖ともに現状維持か,むしろ減少気味な

ので，国内養殖生産量が1万tに上昇しても，地中海諸国の減少範囲に収まっている．

需要面からはリーマンショックによる消費購買力の減退と，それと相関しているかもしれないが，水産物消費・需要の全般的な落ち込みが指摘できよう．後者は近年の『水産白書』が注目し，また2010年の刺身マグロ需要は30万tを割り込むと報じられている[21]．

高度成長期以降，40年以上におよぶ魚類養殖業は過当競争下，閉塞状況が支配し，なおそれを主導する経済的基軸をどこに求めるか，生産体制・組織をいかにつくりあげるかが問われている[1]．マグロ養殖業においては，既存のブリ・マダイ養殖業と比較して，過少資本では参入しえず，その意味で「資本の制限」が作用する．またブリ・マダイの過剰供給の要因である平等主義的漁場配分も，大規模な養殖面積を必要とするマグロでは事実上不可能である．漁家上層を含む広範囲から新規参入がみられるとはいえ，参入障壁は大きい．沿海地区漁協と結びついた漁家経営は，養殖業において中核的・主導的役割を果たすべく，政策的・制度的に期待され位置づけられているが，経営規模・企業組織の両面からマグロ養殖業とは適合的ではない．企業形態－会社－による大規模経営がマグロ養殖業の基軸であることは前述した．

日本のマグロ養殖業は国際競争力をもち，国内的にも魚類養殖業の有望業種である．テレビでよく放映される，国内で漁獲される天然クロマグロは高級料理店・高級寿司店に向かい，国民一般の口に入ることはまずない．思えば養殖クロマグロが，土・日・祝日を中心に量販店で販売され，時々であるにしろ食卓にのぼり，あるいは回転寿司店で食べられるようになったのは，すなわち社会的ニーズとして一般化したのは，ここ数年くらいのことである．クロマグロを我々に開放した，マグロ養殖業によせる期待は大きい．

完全養殖を実現したクロマグロ養殖業は，天然種苗にかわる人工種苗の産業的量産化に向かっている．水産業の内外から新規参入が相次ぎ，長期的低迷の続く魚類養殖業の突破口として，さらに地域振興・漁村振興として，の役割を果たしつつある．マグロ養殖業が生産技術の革新をこえて，中長期的に「もうかる養殖業」として新たなビジネスモデルを築き，社会経済全般にわたる技術革新として展開していくことが期待されるのである．すなわち流通・マーケテ

ィングの革新,産業組織の再編を内包するイノベーションを今後に展望できるのかどうかが注目されるのである[22-24].

文　献

1) 小野征一郎,中原尚知.魚類養殖業の現状と課題.水産増殖 2009; 57（1）: 149-164.
2) 小野征一郎.魚類養殖業の政策理念.月刊漁業と漁協 2010; 565: 2) 6-11.
3) 水産庁企画課.「水産早わかり」.2009; 135.
4) 水産庁.まぐろ類に関する情勢について. 2009.
5) 水産物貿易統計年報（輸入）.2008.
6) みなと新聞.2009.11.30（付録）世界マグロマップ 2009 年度版.
7) 水産タイムス.2005.5.30.
8) みなと新聞.2005.11.10.
9) 小野征一郎.終章 マグロ養殖業の課題と展望.「養殖マグロビジネスの経済分析」成山堂書店.2008; 210-215.
10) 水産庁.太平洋クロマグロの漁獲量等について.みなと新聞平成 21 年 8 月 25 日.
11) 農林水産省.2008 年漁業センサス結果の概要.2009.
12) 長崎県水産部.マグロ養殖の現状及び課題等.2008; 1-5.
13) 山本尚俊.国内外におけるマグロ養殖業の実態と主産地間のコスト比較.漁業経済研究 2009; 54（1）: 1-18.
14) 小野征一郎.マグロ養殖業の課題と展望.表終-2. （一部手直し）.「養殖マグロビジネスの経済分析」成山堂書店.2008; 216.
15) 時事通信社.時事水産情報.
16) 水産庁編.「水産白書（平成 20 年版）」2008.
17) 農林水産省.「漁業・養殖業統計年報」2006.
18) 近畿大学.プレスリリース.2009.10.23.
19) 生田和正.まぐろ養殖の現状と今後の展望について.海洋水産エンジニアリング 2009; 3 月号: 32.
20) 高木 力.養殖施設の最適設計をめざして.「近畿大学プロジェクトクロマグロ完全養殖」（熊井英水・宮下 盛・小野征一郎編）成山堂書店.2010; 112-128.
21) 水産経済新聞.2010.12.3.
22) 妻 小波.イノベーションとしてのマグロ養殖業.「近畿大学プロジェクトクロマグロ完全養殖」（熊井英水・宮下 盛・小野征一郎編）成山堂書店.2010; 151-163.
23) 小野征一郎.マグロ養殖業の課題.「近畿大学プロジェクトクロマグロ完全養殖」（熊井英水・宮下 盛・小野征一郎編）成山堂書店.2010; 190-219.
24) 小野征一郎.小売主導下における生鮮食品の SC.フードシステム研究 2009; 16（2）: 88-90.

索　引

〈英字〉
ASC　*104*
CITES ドーハ会議　*13*
CoC 認証　*106*
FAO　Code of Conduct　*107*
——水産エコラベルガイドライン　*103*
——責任ある養殖業認証ガイドライン　*106*
FOS　*103*
GAP　*105*
HACCP　*109*
IMP　*78*
ISO14000　*105*
MELJapan　*103*
MSC　*103*
mtDNA　*48*
MWTP　*111*
OIE　*109*
PDCA サイクル　*109*
Type1　*105*

〈あ行〉
アニマルウェルフェアに関する項目（Animal Health and Welfare）　*109*
暗所視　*64*
安全性　*91*
イカナゴ　*99*
イノシン酸　*76*
イノベーション　*32*，*141*
エコラベル　*103*
沖合養殖漁場　*125*
沖出し　*63*

〈か行〉
会社経営　*135*
海底火山　*100*
価格関数　*25*
可視閾値　*64*
環境に関する項目（Environment Integrity）　*108*
漁業権　*139*
漁村振興　*133*
魚類養殖業　*135*
群成熟率　*44*
原則と基準　*108*
攻撃行動　*57*
合弁投資　*130*
ゴマサバ　*99*

〈さ行〉

採捕尾数　*114*
産卵頻度　*47*
資源管理　*10*
自然産卵　*117*
社会経済に関する項目（Socio-economic Aspect）　*108*
馴致方法　*74*
消化吸収機能　*81*
消化率　*83*
衝突死　*59*
食品安全に関する項目（Food Safety）　*109*
飼料タンパク質／脂質　*85*
飼料糖質　*86*
新規参入　*133*
人工種苗の産業的量産化　*138*
新陳代謝　*98*
水銀　*91*
水銀摂取許容量　*92*
生殖腺熟度指数（GSI）　*42*
生物濃縮　*92*
増殖　*39*

〈た行〉
大規模漁場　*137*
第三者認証　*105*
大西洋マグロ類保存国際委員会（ICCAT）　*11*，*21*，*26*，*27*，*28*
地域漁業管理機関（RFMO）　*10*，*26*，*28*
地中海諸国　*131*
知的財産（権）　*38*，*88*
中間育成　*58*
中西部太平洋マグロ類委員会（WCPFC）　*11*，*21*，*27*，*28*
沈降死　*55*
ツナフード　*120*
テクノロジー　*33*
天然種苗　*129*
動物福祉　*109*
共食い　*57*

〈な行〉
ノウハウ・スキル　*38*
農林水産省　*21*

〈は行〉
配合飼料　*101*
ハマフエフキ　*72*
ハンドリング　*61*

ビタミンC　86
皮膚損傷　63
平等主義的漁場利用　128
微粒子配合飼料　70
孵化仔魚　71
浮上死　54
壁面模様　61
泡沫分離　79

〈ま行〉
マアジ　99
ミナミマグロ保存委員会（CCSBT）　11，27，28
メチル水銀　95

〈や行〉
夜間電照　66
遊泳特性　67
輸送費　133
養殖認証制度　104
ヨコワ　53
　　——活け込み尾数　115

〈わ行〉
ワシントン条約（CITES）　11，26，28

本書の基礎になったシンポジウム

平成 22 年度日本水産学会春季大会
「クロマグロ養殖業 - 技術開発と事業展開・展望 - 」
企画責任者：小野征一郎（近大水研）・有元 操（水研セ）・竹内俊郎（東京海洋大）・熊井英水（近大水研）

開会の挨拶	熊井英水（近大水研）
I．クロマグロの資源と国際規制	座長 魚住雄二（水研セ）
1．資源動向と管理	宮原正典（水産庁）
2．漁獲規制の動向と価格への影響	多田 稔（近大農）
II．クロマグロの人工種苗の量産化技術	座長 宮下 盛（近大水研）
3．現状と今後の動向	澤田好史（近大水研）
4．成熟と産卵	升間主計（水研セ）
5．種苗生産技術	石橋泰典（近大農）
III．クロマグロの養殖技術と安全性・認証	座長 村田 修（近大水研），
	河村幸雄（近大農）
6．初期飼料	竹内俊郎・芳賀 穣（東京海洋大）
7．配合飼料	滝井健二（近大水研）
8．食材としての安全性	安藤正史（近大農）
9．養殖生産物の認証制度	有路昌彦（近大農）
IV．クロマグロ養殖業の展開と課題・展望	座長 田坂行男（水研セ）
10．クロマグロ養殖事業の展開	
1）クロマグロ養殖事業の歴史と現状	草野 孝（（株）マルハニチロ水産）
2）クロマグロ養殖事業の新たな展開	白須邦夫（日本水産（株））
11．クロマグロ養殖業の課題・展望	小野征一郎（近大水研）
総合討論	有元 操（水研セ），
	坂本 亘（近大水研）
閉会の挨拶	魚住雄二（水研セ）

出版委員

稲田博史	岡田　茂	尾島孝男	金庭正樹
木村郁夫	里見正隆	佐野光彦	鈴木直樹
田川正朋	長崎慶三	吉崎悟朗	

水産学シリーズ〔168〕　　　定価はカバーに表示

クロマグロ養殖業－技術開発と事業展開
Aquaculture Industry of Bluefin Tuna - Development of Technology and Business

平成 23 年 3 月 25 日発行

編　者　　熊井英水・有元 操・小野征一郎

監　修　社団法人 日本水産学会

〒108-8477　東京都港区港南　4-5-7
東京海洋大学内

発行所　〒160-0008 東京都新宿区三栄町 8
Tel 03 (3359) 7371
Fax 03 (3359) 7375　　株式会社 **恒星社厚生閣**

© 日本水産学会，2011.
印刷・製本　（株）シナノ

好評既刊本

水産利用化学の基礎

渡部終五 編

魚貝肉の特性や利用技術のほか衛生管理・安全性などをまとめたテキスト。
●B5判・224頁・定価3,990円

水産学シリーズ165
生鮮マグロ類の高品質管理 ―漁獲から流通まで

今野久仁彦・落合芳博・福田 裕 編

マグロ類のヤケ肉に注目し、その生理的特徴から品質管理まで詳しく解説。
●A5判・146頁・定価3,780円

カツオ・マグロのひみつ
―驚異の遊泳能力を探る

阿部宏喜 著

比較生理生化学を用いてマグロ類の洗練された遊泳能力について解説する。
●A5判・128頁・定価2,415円

水産増養殖システムI
海 水 魚

熊井英水 編

産業的に重要な海水魚18種を様々な観点で養殖技術をまとめた必携の1冊。
●A5判・326頁・定価5,250円

魚のあんな話、こんな食べ方
続 魚のあんな話、こんな食べ方

臼井一茂 著

魚介類の生態や名前の由来、調理のコツやおいしい食べ方など愉しく紹介。
●A5判・それぞれ184/160頁・定価2,415/1,890円

恒星社厚生閣